装备建设与运用

——标准体系与实施篇

陶 帅 卢 奔 邓辉咏 著

西安电子科技大学出版社

内容简介

本书是地面装备领域人才全流程培养系列教材《装备建设与运用》之二——标准体系与实施篇。

全书共七章，内容分别为概述、世界主要国家标准体制、标准体系、标准管理程序、基于标准的质量管理、标准的评估、标准实施的监督等。

本书是装备建设与运用领域人才培养的理论基础部分，既可作为专业培训用书，还可作为装备试验鉴定、装备论证、武器系统与运用工程等专业的参考书。

图书在版编目(CIP)数据

装备建设与运用. 标准体系与实施篇/陶帅，卢奔，邓辉咏著. —西安：西安电子科技大学出版社，2022.3

ISBN 978-7-5606-6351-7

Ⅰ. ①装… Ⅱ. ①陶… ②卢… ③邓… Ⅲ. ①武器装备管理—中国—教材 Ⅳ. ①E241

中国版本图书馆 CIP 数据核字(2021)第 268487 号

策划编辑　刘小莉

责任编辑　王晓莉　刘小莉

出版发行　西安电子科技大学出版社(西安市太白南路 2 号)

电　　话　(029)88202421　88201467　　邮　　编　710071

网　　址　www.xduph.com　　　　　电子邮箱　xdupfxb001@163.com

经　　销　新华书店

印刷单位　陕西天意印务有限责任公司

版　　次　2022 年 3 月第 1 版　　2022 年 3 月第 1 次印刷

开　　本　787 毫米×960 毫米　1/16　印　张　11.5

字　　数　122 千字

印　　数　1～1000 册

定　　价　30.00 元

ISBN 978-7-5606-6351-7/E

XDUP 6653001-1

如有印装问题可调换

前　　言

　　标准是科学技术和经验的总结，是装备论证、设计和试验的基本参考或依据，它为装备建设和发展提供了基本的遵循，直接支持装备型号的研制、生产和使用。当前，国内外对标准的规章制度、实施与裁剪等的研究较多，其中大部分都是从专业化的角度进行阐述，导致许多跨专业或刚从事相关工作的人员难以从宏观上对标准有一个整体的认识。同时，很多从业者对质量管理和标准之间的关系存在模糊认识，需要对其进行阐释。因此，针对人才培养和宏观认知需求，我们撰写了本书。

　　全书共分为七章。第一章介绍了标准的定义与内涵、分类、发展与定位。第二章介绍了世界主要国家标准体制，主要包括德国标准化、美国标准化、日本标准化。第三章重点介绍了标准体系，包括标准体系设计原则、基本构成和发展。第四章介绍了标准管理程序，包括标准管理流程与核心环节、标准战略规划、标准的制定与修订、标准的实施、标准的废止以及与标准有关的其他活动。第五章介绍了基于标准的质量管理、质量管理体系、基于质量管理体系的标准实施。第六章介绍了标准的评估，主要包括标准评估制度的特点、标准的评估指标体系、标准的评估方法和基于效益的标准实施评估。第七章介绍了标准实施的监督，包括标准实施的监督组织，监督原则，监督方法，监督依据、内容和方式以及标准监督的后处理。

本书由陶帅、卢奔和邓辉咏编写，其中陶帅主要负责本书的框架设计及第一章与第二章的编写，卢奔主要负责第五章、第六章和第七章的编写，邓辉咏主要负责第三章和第四章的编写。

限于作者水平，书中难免存在不妥之处，敬请广大读者批评指正。

编　者

2021.12

目　录

第一章 概 述

在全球一体化的信息时代,标准化在经济社会发展中的战略性、基础性作用日益显著,已经成为国家和地区实力的重要体现。在市场经济条件下,标准不仅是一种市场调节工具,也是政府用于规范与引领市场的重要手段。虽然许多标准并未要求强制执行,但需求方或特定团体,以及国际化发展的内在要求(如 WTO/TAT 协议),使其成为必须遵循的基本内容。当前,随着国际交流日益频繁,国际利益矛盾凸显,越来越多的国家把标准化上升为国家战略来对待。

1.1 标准的定义与内涵

标准的定义和内涵是认识标准的基础,只有准确认识标准的描述对象和基本功能,才能客观、有效地使用标准。

1.1.1 标准的相关定义

1. 标准

国家标准 GB/T 20000.1—2014《标准化工作指南 第 1 部分:标准化和相关活动的通用术语》中关于"标准"的定义是:"为在一定的范围内

获得最佳秩序，对活动或其结果规定共同的和重复使用的规则、导则或特性的文件。该文件经协商一致制定并经一个公认机构的批准。"同时还对定义作了如下注释："标准应以科学、技术和经验的综合成果为基础，以促进最佳社会效益为目的。"GB/T 20000.1—2014《标准化工作指南》定义"标准"为："通过标准化活动，按照规定的程序经协商一致制定，为各种活动或其结果提供规则、指南或特性，供共同使用和重复使用的文件。"

在相关文献中，根据描述目的和角度的不同，标准也有不同的定义。如有学者将标准定义为："为了在一定的范围内获得最佳状序，经协商一致制定并由公认机构批准，共同使用的和重复使用的一种规范性文件。"在此基础上，根据工作和任务需要，标准延伸出了很多相关概念，典型的如标准化、企业标准化和综合标准化等概念。

2. 标准化

标准化是"为了在既定范围内获得最佳秩序，促进共同效益，对现实问题或潜在问题确立共同使用和重复使用的条款以及编制、发布和应用文件的活动"。标准化是微观概念，涉及国民经济和社会发展的方方面面，具有统一、简化、优化、协调、科学、系统的特点，在实践与规范的交互中呈螺旋式发展的趋势，遵循在实践中总结、在总结中提高、在提高后固化为约束性文件的科学方法论。因此，标准化是一致性和规范性的体现，是国际化的基础，是全球一体化的重要前提，更是保证国家利益的重要抓手。每个特定领域一般都有自己的特有标准化，如企业标准化——为在企业的生产、经营、管理范围内获得最佳秩序，对实际和潜在的问题制定共同的和重复使用的规则的活动。钱学森曾在《系统工程论》中明确提出标准化在系统工程领域的作用和标准化在面对社会这一复杂大系统时的突出作用。

3. 标准体系

按照"系统"的一般定义，我们可以把标准体系定义为：由若干个相互依存、相互制约的标准组成的具有特定功能的有机整体。这就是说，要构成标准体系，各个标准必须以某种有序的方式联系起来成为有机的整体，这个整体能发挥单个标准甚至许多标准简单集合所不能起到的作用和功能。

4. 标准学

标准学是标准研究和社会发展到一定阶段的产物，是研究标准、标准体系、标准化及标准化战略的一门学科。根据研究层面的不同，可以将标准学分为宏观标准学、中观标准学和微观标准学。从全局的角度分析的宏观标准学是以区域性作为研究重点；从行业或产业角度分析的是中观标准学，它能够为全局性工作提供借鉴，并为微观标准学提供指导；从具体专业方向或领域研究具体性事物角度分析的是微观标准学，它为产业或全局性工作提供借鉴。

1.1.2 标准与标准化的内涵

1. 标准的内涵

标准具有以下含义：

(1) 共同和重复使用是根本。标准是一种固定下来的、相对比较规范的事物，自古以来其针对的都是能够批量化生产、复制的活动或结果。共同和重复使用的活动或结果一般存在于工业、信息、服务等行业。标准主要是由于军事或行业分级的需要而自然产生的，经历了从粗糙到精细化的发展过程。随着标准的发展，主要约束的内容也发生了很多变化，但其对象都是围绕需要共同、重复使用或采用的活动或结果的要求。也只有针对共同和重复使用的事物制定标准才具有制定的价值，如汽车零配件、钻石等级等标准。如果针对特定的、异常的事物制定标准，不仅费效比很低，而且其可行性更加难以评价，如天才的评价标准等。

(2) 既定范围是前提条件。标准是针对特定对象的规则、导则或特性的文件。这种对象是比较具体的，且是有限的，不存在具有普适性的标准。在标准的规范性文本中都有一条这样的规定：适用范围决定了标准的可用领域和范围，超出范围的应用是不被允许和承认的。严格的标准甚至提出了不同年代和不同版本的标准不能替代使用的要求。所以，在标准制定、选用、执行的过程中，首先要认清标准的范围属性，不能唯标准化，更不能在需要标准规范的领域范围内去标准化。随着科技的进一步发展，某一系统的复杂化特质进一步显化，标准的重要性就更加凸显出来。

(3) 最佳秩序是最终追求。制定标准的目的是获得最佳秩序和最佳社会效益。最佳秩序包含最佳的程序、方法和合格判定准则等；最佳的社会效益是标准化带来的正面效应，它促进了社会沟通与交流。标准化也是工业化和全球一体化的必然要求，统一的标准为各国贸易与交流提供了一个平台和尺度，保证了产品、服务的质量，促进社会的繁荣与稳定。国际化的标准的发展是趋向一致的，虽然各国标准管理、制定体制不同，各国自身的程序性标准和生成过程存在较大的差异性，但最佳秩序和最佳社会效益都是共同的追求。

(4) 批准或采用是其权威所在。标准之所以能够被广泛接受、执行，其根本原因在于市场和法律两个方面的要求。在许多国家，标准的编制和执行被法律所明确、保护，其自身具有一定的强制性和约束性，并被管理者作为监督的依据来采用，因此具有权威性。有一些标准虽然自身不具有权威性，但由于其被权威机构采纳或采用，并被延伸到相关领域，逐渐被业内认可，因此同样具有权威性。这一点在美国尤为突出。总的来说，标准一旦被颁布，就具有了不同程度的约束性，即权威性，只能被执行，直到下一次修订或废止为止。

2. 标准实施的内涵

标准实施是指在与产品、过程或服务(以下通称"实施对象")有关的各类事项中选用标准并执行标准规定的要求的一系列活动。实施标准一般包括两个过程：

(1) 选用标准。选择适合于特定事项需要的标准。

(2) 执行标准。在产品设计、制造、试验、验收、使用、维修或其他过程及服务各环节中执行标准规定的要求。

大部分场合实施标准除了要从技术上进行分析并做出判断或抉择外，还需要投入一定的人力、物力和财力，需要组织有关各方面人员协同配合，共同完成。因此，实施标准通常也是一项有组织的技术管理活动。由于标准种类繁多，作用和内容各不相同，因此一个特定标准的实施可能只涵盖了上述概念中的一部分。

3. 标准化的内涵

标准化是标准建设体系化的一种表现形式。它具有下列含义：

(1) 标准化是制定、发布、实施标准的活动和过程。

(2) 标准化是一项有组织的活动过程，反复循环，螺旋式上升。

(3) 标准是标准化活动的成果。

(4) 标准化效能和目的通过制定和实施标准来体现。

标准化建设具有一定的内在要求，主要体现在以下四个方面：

(1) 一致性。一致性指在一定范围、一定程度、一定时间、一定条件下，对标准化对象、功能或其他特征及特性所确定的一致性，且与被统一标准前事物的功能等效。

(2) 简洁性。简洁性指通过标准化活动把多余的可替换的环节简化，以减少事物的复杂性。简洁是有原则的，只有合理的简化，才能达到总体功能的最佳。

(3) 协调性。标准是标准利益相关方协调一致的产物，也是利益相关方相互妥协的结果。某项标准的制定和实施往往会涉及多个利益相关方的利益，达成各方都能接受的妥协是一个需要充分沟通和协调的过程。标准协调本身也是多方面的，有技术层面的协调，有利益层面的协调，也有管理层面的协调。

(4) 最优化。最优化是标准化追求的一种效果。最优化通过标准化活动，在一定条件下对标准系统的构成因素及要求进行设计、选择或调整，使标准化对象形式更加规范、合理、有序，以获得最佳秩序和最佳效益。最优化是全局视野的最优化，而不是局部利益、短期效益和狭隘视角的最优化。

本书不对标准化进行综合和重新定义,而是主要通过各种标准化定义的比较,整理出其共同的认知和特征,并对其内涵进行描述,给读者一个比较宏观的认知和参考。

1.2 标准的分类

不同的国家、不同的应用领域、不同的使用者对标准的分类都不尽相同。通常可以从制定主体、性质和约束力角度简单概括标准的分类,具体如图 1-1 所示。

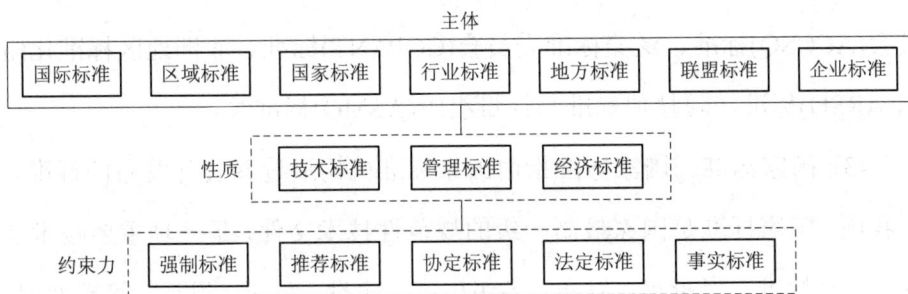

主体

| 国际标准 | 区域标准 | 国家标准 | 行业标准 | 地方标准 | 联盟标准 | 企业标准 |

性质

| 技术标准 | 管理标准 | 经济标准 |

约束力

| 强制标准 | 推荐标准 | 协定标准 | 法定标准 | 事实标准 |

图 1-1 标准分类图

按照从上至下的顺序,把任何一条可以连接起来的线上的词组合起来,便可以形成一类(或一种)属于一定主体、具有一定性质且有一定约束力的标准。如行业级技术事实标准、企业级管理推荐标准等。把所有可以连接起来的线代表的标准总合起来,即形成具有主体、对象、性质三相结构的标准架构。

为了较为全面地了解标准的分类,下面将从多个角度分别进行解释说明。

1．按照制定主体划分

按照制定标准的主体划分，标准可以分为国际标准、区域标准、国家标准、行业标准、地方标准、联盟标准、企业标准等。

(1) 国际标准。国际标准指由国际上权威组织制定，并被国际上承认和通用的标准，通常是指国际标准化组织(ISO)、国际电工委员会(IEC)和国际电信联盟(ITU)制定的标准，以及国际标准化组织(ISO)确认并公布的由国际计量局(BIPM)、世界卫生组织(WHO)、关税合作理事会(CCC)等国际专业组织制定的标准。

(2) 区域标准。区域标准指区域标准化组织或区域标准组织通过并公开发布的标准，如欧洲标准化委员会(CEN)标准、东盟标准与质量咨询委员会(ACCSQ)标准、泛美标准委员会(COPANT)标准、非洲地区标准化组织(ARSO)标准、阿拉伯标准与计量组织(ASMO)标准等。

(3) 国家标准。国家标准指由国家标准机构通过并公开发布的标准。在我国，国家标准是国家最高一级的规范性技术文件，是一项重要技术法规。国家标准一经批准、发布，各级生产、建设、科研、设计、管理部门、企业和事业单位都要严格执行，不能更改或降低标准。我国国家标准的代号用"国标"汉语拼音的头两个字母"GB"表示。

(4) 行业标准。行业标准指由国家的某个行业组织通过并公开发布的标准，主要适用于本行业或本部门。在我国，行业标准是对没有国家标准而又需要在全国某个行业范围内统一的技术要求所制定的标准，如航空航天行业标准(代号：HB，QJ)、机械电子行业标准(代号：JB，SJ)、兵器行业标准(代号：WJ)、船舶行业标准(代号：CB)、核能行业标准(代号：EJ)

等。在我国，行业标准必须与国家标准有关规定一致。

(5) 地方标准。地方标准指在国家某个地区通过并公开发布的标准。

(6) 联盟标准。联盟标准指以合作或联合协议的形式组成的联盟制定、通过并公开发布的标准。

(7) 企业标准。企业标准指企业所制定的产品标准以及企业为需要协调和统一的技术要求、管理要求和工作要求所制定的标准。企业标准是企业组织生产经营活动的依据。企业标准中的部分产品标准一经备案即成为国家法定标准。企业标准一般包括技术标准、管理标准与工作标准三类。

2. 按照标准性质划分

按照标准的性质划分，标准可分为技术标准、管理标准和经济标准等。

(1) 技术标准。技术标准是指对标准化对象的技术特性加以规定和衡量的标准。技术标准化开展得较早，所以技术标准是目前大量存在的、具有重要意义和广泛影响的标准。技术标准主要包括：

① 产品标准：对产品的结构、规格、质量和检验方法所做的技术规定。

② 工作标准：对技术工作的范围、构成、程序、要求、效果、检查方法等所做的规定。

③ 方法标准：对各项技术活动的方法所规定的标准。

④ 基础标准：对一定范围内标准化对象的共性因素，如概念、数系、通则等所做的统一规定。

(2) 管理标准。管理标准是指对标准化领域中需要协调统一的管理事项所制定的标准，是管理机构为行使其管理职能而制定的具有特定管理功能的标准。管理职能一般包括对管理对象和过程行使计划、组织、监督、指挥、调节、控制等职能。如果管理对象是一个系统，那么对系统进行管理的实质就是按照一定的目的建立系统的秩序，使系统能充分发挥其功能。管理标准就是为建立管理秩序，对管理活动的内容、程序、方式、方法和要求规定的标准。不能把所有属于管理的规章制度都称为标准，作为标准，必须具有典型性、科学性和量度性。管理标准也可以按照对象划分为产品管理标准、管理工作标准、管理方法标准和管理基础标准。

(3) 经济标准。经济标准是指对标准化领域中需要协调统一的经济事项所制定的标准，是规定和衡量标准化对象的经济性能和经济价值的标准。经济标准的本质是商品价值的反映，是商品所含社会必要劳动量的反映，因而也是价值规律的反映。由此可见，经济标准在国民经济管理和企业经营决策中具有十分重要的地位。

3. 按照约束力划分

按照标准的约束力划分，标准可分为强制标准、推荐标准、协定标准、法定标准和事实标准等。

(1) 强制标准。按照标准化法，强制标准的定义为：具有法律属性，在一定范围内通过法律、行政法规等强制性手段加以实施的标准。我国的国家强制标准标识为"GB"。

(2) 推荐标准。按照标准化法，推荐标准的定义为：除了强制标准之外的标准是推荐标准，是非强制执行的标准，国家鼓励企业自愿采用推荐标准。我国的国家推荐标准标识为"GB/T"。

(3) 协定标准。WTO《技术性贸易措施协定》(TBT 协定)对标准的定义："标准是被公认机构批准的、非强制性的、为了通用或反复使用的目的为产品或其加工或生产方法提供规则、指南或特性的文件。"

(4) 法定标准。法定标准是指根据我国有关法律明确的法定标准，包括国家标准、行业标准、地方标准和企业标准。国际标准或国外先进国家的标准只有转化为我国的法定标准才是有效的标准。

(5) 事实标准。事实标准是指国际上或某个区域内垄断企业或联盟制定的已经形成被市场、行业或消费者广泛认同的标准。如微软公司的Windows 操作系统、USB 接口标准等。

4．按照领域划分

在我国，标准按照领域划分，分为国家标准(民用标准)和国家军用标准。

(1) 国家标准。国家标准在我国是国家最高一级的规范性技术文件，是一项重要技术法规。

(2) 国家军用标准。国家军用标准是指对国防科学技术和军事技术装备发展有重大意义而必须在国防科研、生产、使用范围内统一的标准。GJB 0.1—2001《军用标准文件编制工作导则　第 1 部分：军用标准和指导性技术文件编写规定》将国家军用标准分为军用标准、军用规范和指导性技术文件 3 类。

① 军用标准：为满足军事需求，对军事技术和技术管理中的过程、概念、程序和方法等内容规定统一要求的一类标准。

② 军用规范：为支持装备订购，规定订购对象应符合的要求及其符合性判据等内容的一类标准。

③ 指导性技术文件：为军事技术和技术管理等活动提供有关资料或指南的一类标准。

国家军用标准主要是根据国防领域特殊需求而制定的。在国家军用标

准制定过程中通常需要引用国家标准，并尊重国家强制标准相关规定。如在军队通用车辆试验领域，一般采用 GB/T 12540—2009《汽车最小转弯半径测定方法》等标准进行试验。

对国家军用标准而言，可能的分类还有以下几种：从标准的内容性质划分，可分为技术标准、管理标准、工作标准；从标准的格式结构类型划分，可分为术语标准、要求标准、方法标准、产品规范、图样标准、手册标准等；从标准的使用性质划分，可分为基础标准、管理标准、设计标准、工艺标准、试验标准、制造验收规范、材料标准、标准件标准等。标准的分类关系主要应用于标准对象的确定和标准用途的定位。

1.3　标准的发展与定位

每个领域都有它自己发展的历程，标准化也不例外，其发展是伴随着人类的认识变化而完善的。

1.3.1　标准的发展

按照经典标准化思想产生和发展的历程，标准的发展大体分为 3 个阶段。

1. 萌芽阶段

标准与交换相伴而生。从古代以物易物开始，各参与主体都有一个"标准"在衡量主、客观世界。同时，自从有了人类，人类为了生存，需要抵御各种各样的灾难和不断改变自己的生存环境，各种各样的生产活动就因此产生了，于是远古时期的标准化思想也应运而生。远古时期，人类用符号代替语言传达信息和情感,这种传达信息和情感的符号虽然有其适用的局限性,但其是人类不断探索世界奥秘的创举,更是远古标准化思想的萌芽。随着手工业的不断发展,古代标准化思想也逐步形成了体系。中国的标准化思想可追溯到《周易》,萌芽于道家和儒家,形成于韩非的"法家"思想,应用于李斯帮助秦始皇统一货币和文字、建立郡县制。毋庸置疑,从古至今,"标准"作为管理社会的手段,一直为国民经济和社会发展发挥着重要的支撑和保驾护航作用。只是不同时期认识不同,重视程度不同,发挥的作用不同,称谓也不尽相同而已。如常用词——制度、法、规、律、规律、准则、规章、规则、规定、规范、规矩等均属于"标准"的范畴。众所周知的一句古话"不以规矩,不能成方圆;不以六律,不能正五音"说明古人在春秋战国时期已有清晰的标准化思想。

以春秋战国时期百工技艺用书《考工记》为例。该书全文仅 7000 字左右,但标准化信息包括了春秋战国时期制车、兵器、玉器(加工)、乐器、皮革、染色、陶瓷(生产)、建筑等 6 大类 30 余个工种,尤其是统一了产品及部件名称、用料标准及选材方法、产品设计标准、生产工艺、产品检验制度等,是我国古代机械加工领域标准化的集中体现。

2. 发展阶段

标准发展的时代开端于工业化时代蒸汽机的发明。工业机械化的发端开启了近代标准化。从时间节点上与西方提出的工业 1.0 发端基本吻合,涵盖了工业 1.0 机械制造时代和工业 2.0 电气化与自动化时代两个时期。

18 世纪末,英国纺织工业革命标志着工业文明的来临。1798 年美国的艾利·惠特尼发明了工序生产方法,并首次提出生产分工专业化、产品零件标准化的生产方式，被誉为"标准化之父"。1841 年，英国人惠特·沃思设计并统一了制式螺纹，随后形成的螺纹标准很快被推广应用。1901年，世界上第一个国家级标准化机构——英国工程标准委员会成立。1906年，英国在纽瓦尔极限表的基础上颁布了国家公差标准，大大提高了工作效率。1911 年，美国的泰勒发表了《科学管理原理》，首次提出通过制定"标准作业方法"和"标准时间"来加强生产管理。这种标准化方法大大解放了生产力，标志着科学管理时代的到来，同时是世界管理史上的一个里程碑，意味着标准化的发展逐渐完善，也意味着标准化时代的来临。

随着大机器工业生产的不断发展，为了保障互换性，提高生产率，以美国为首的英、法、日等工业发达国家更加重视标准化工作。特别是两次世界大战及战后工业复兴，对标准化提出了迫切要求，发达国家开始在全球布局标准化工作。1946 年 10 月，国际标准化组织 ISO 在伦敦成立，中、英、美、法、苏成为常务委员国。这标志着标准化发展走向了国际化的道路。

3. 成熟阶段

标准的思想成熟是标准化，其一个显著标志是世界各国标准化战略的产生。标准化战略的出现是世界各国将标准化上升到影响国家经济、社会等方面的利益因素来考量的产物，是标准化思想的升华和具体体现。

标准化战略的产生与时代的发展息息相关。随着世界范围的信息技术革命，全球化成为发展的整体趋势，人类迎来了工业 3.0 时代，制造过程自动化程度大幅度提高。系统理论指导下的现代标准化开始起步，标准化与信息化融合之势明显。国际上，以标准路线图支撑工业 4.0 的时代已经开启。实体世界与虚拟世界的融合已成时代的必然，大数据、智能化、互联网已成为生产和生活的必需。美国、德国、日本等发达国家都在积极布局国家标准战略，意图在新一轮国际竞争中始终立于不败之地。

习近平总书记指出："标准决定质量，有什么样的标准就会有什么样的质量，只有高标准才有高质量。"全球已进入标准化时代，李克强总理所讲的"标准引领，法制先行，树立中国质量新标杆"的要求一定会在新时代得到实现。

1.3.2　标准的定位

在国家依法治国的新常态下，政策、法规与标准是常用的制度手段。在国民经济和社会发展的各个领域，微观层面的重复性事物均可以通过标准加以规范。标准化工作是一项系统工程的建设过程，标准、技术法规、合格评定应该有机结合，互相促进。随着质量认证、产品认证等合格评定程序的兴起，标准对法律法规技术支持作用的不断加大，标准不仅被认为是规范生产、提高质量、便于流通的关键，而且被认为是产品在市场上竞争成功的重要保证。

1. 标准与法律的关系

标准与法律属于不同范畴的规范，有着不同的属性。但在众多的领域里，标准与法律呈现出"你中有我""我中有你"的融合现象。标准与法律融合的基础是二者具有共性，即规范性和对秩序的追求。标准与法律融合的内因是二者具有互补性，外因是二者的领域不断扩大会导致标准与法律规范领域的重叠，标准与法律共同对同一对象发挥规范作用。标准与法律的融合表明，标准并非游离于法治之外，其对于法治具有特殊的意义。

标准的制定和实施是标准化工作的主要内容。标准化对于推进国家治理体系和治理能力现代化具有"基础性、战略性的作用"。法律是由立法机关依照法定程序制定并颁布，由国家强制力保证实施的规范性文件。法律的制定和实施是法治的主要内容，法治"是实现国家治理体系和治理能力现代化的必然要求"。标准和法律在实现国家治理现代化中都具有重要的地位和作用。

然而，标准与法律毕竟是属于不同范畴的事物，存在着诸多的区别。从制定主体来看，法律由立法机关制定，标准则由企业、组织(包括国际组织)和政府制定。从权力(利)来源看，立法权属于公权力，标准的制定权不属于国家权力，而属于私权范畴。从内容来看，法律是关于人的权利和义务的规定，反映了公平正义的价值取向；标准本身无关权利义务，它只是对生产、管理、服务的技术性要求，体现的是科学性和合理性。从效力来看，法律由国家强制力保证实施，法律一经颁行即具有普遍的约束力；标准如不与法律结合，则无此种强制适用的效力，标准是否得到实施，完全取决于标准使用者的自愿采用。

2. 标准化与市场的关系

中央提出将政府与市场有机整合起来，并准确定位，政府不能替代市场，市场也不能替代政府。为了避免市场失灵和政府失灵，既要打破垄断资源，减少市场扭曲和外部性，更要减少政府行为的盲目性，降低各种风险与成本。这就需要国家层面的标准体系及标准化战略来作为发展依据。按照中央有关政策和国家现行的行业标准管理办法要求，标准不仅涉及所有的经济技术管理部门，如质量管理、检验检疫、认证认可、环保、安全生产、建设、农业、电子信息、食品卫生、公路交通等60多个领域，还广泛应用于公共服务和社会管理等领域，对促进国家治理体系和治理能力现代化发挥着不可替代的作用。

在市场经济条件下，标准在经济及技术等领域的规则设计是标准化工作很重要的内容。从 20 世纪 80 年代起，标准化工作从内涵到外延都发生了较大的变化，不再是就标准而标准了，而是包括了技术法规、合格评定的系统工程建设，成为了应用最广泛的市场调节工具，也是政府用于规范与引领企业生产的重要支撑。企业作为市场经济的重要组成部分，其受标准化的影响最为深刻。标准化在企业中的作用主要体现在：促进技术改造和进步，在生产和贸易方面全面节约人力、材料等；稳定和提高产品质量，确保市场的稳定；实现科学管理，提高管理效率；消除技术壁垒，促进贸易发展；在企业范围内建立最佳秩序，获得最佳经济效益。

知识经济时代，在以高新技术产业为代表的知识产业中，作为标准制定基础的科学研究的成就、技术进步的新成果和实践中积累的先进经验大多受到专利保护，而且专利的密集度和复杂性不断增强，这就使得许多标准的制定都无法回避专利保护技术。标准与专利结合越来越难以避免。一是标准专利化。具有国际竞争力的技术标准越来越体现为由大量专利支撑的标准，并且技术标准融入越来越多专利的趋势还在继续增强，这是因为，一方面技术标准体系的制订和实施需要以专利为抓手，另一方面将专利纳入标准使得标准拥有更强的竞争力和垄断性。二是专利许可化。在现实的对外许可专利的过程中，标准制订者往往将标准的必要专利连同非必要专利一起对外进行许可，或将标准产品和技术与其他产品和技术捆绑销售或许可，或者通过专利权的运用提高竞争者的市场进入门槛，从而引起专利权滥用和垄断行为的发生。

　　在以上基础上产生了技术标准的演化。在传统的封闭式创新范式下，技术标准演化路径的起点和终点指向基本一致，通常分为两种情况：一是为了形成技术垄断而获取超额利润，企业往往是以产品占领市场的，从而形成事实标准而不将其申请为法定标准；二是一些标准虽然成为法定标准，但由于产业化和市场化不足而未能形成事实标准，或者虽然由政府强制执行，但缺乏竞争力。在开放式创新范式下，面临制度环境的变化和激烈的竞争要求，越来越多的技术标准最终体现为既是法定标准又是事实标准。开放式创新范式下的标准演化路径与封闭式创新范式下的路径有所不同，主要分为两种情况：一是随着世界各国对于技术标准开放性的要求和反垄断规制强度的加大，原有的事实标准也演化为法定标准(事实标准—法定标准)；二是基于国家产业自主创新与发展战略需要，先确立为法定标准后演化为事实标准(法定标准—事实标准)。

　　"事实标准—法定标准"的标准演化路径是指拥有者已有的事实标准经标准化组织法定程序确定和公告成为法定标准。将事实标准申请为法定标准的原因可能包括：①　全球性的开放要求标准具有开放性和融合性；②　面临滥用市场地位受到反垄断规制的压力；③　竞争对手推出同类产品使在位企业面临竞争威胁；④　同行纷纷制订标准，不申请法定标准则将处于被动局面。

　　"法定标准—事实标准"的标准演化路径是指先确立为法定标准，然后进行标准的产业化和市场化，成为事实标准。该路径主要依靠产业技术标准联盟来实施，代表了当今世界产业技术标准化的重要趋势。

无论是哪种路径，技术标准演化的最佳结果是既成为法定标准又成为事实标准，这也成为标准化主体在未来更加激烈的标准较量中赢得竞争优势的必然要求。

3. 标准化与政府管理的关系

标准化与政府管理的关系主要集中体现在技术标准化和行政管理标准化两个方面。

(1) 技术标准化方面。在传统的封闭式创新范式下，技术标准化存在的主要问题是：

① 标准主导者以追求利润最大化为目标，为了获得和持续保持技术、市场的领先地位，专利权人依靠其垄断地位获得垄断利润，同时也会产生专利权滥用的问题。

② 未将产业内其他创新资源及客户纳入技术标准活动中来，其制订的标准是以技术和产品为导向，而不是以产业需求和客户中心为导向，标准扩散效应不明显。

在开放式创新范式下，作为技术标准化的利益相关者，各国政府越来越意识到要提升标准的竞争力和防止垄断行为，就必须发挥政府的支持和监管作用，尤其是在公共性、基础性的重要技术领域更应重视。技术标准制订和参与国际标准争夺并给予更大力度的支持，日益成为技术标准化的重要推动力量，并在调动社会各类资源、提供科技和金融支撑等方面发挥重要作用。

(2) 行政管理标准化方面。行政管理与标准化关系的热点是行政审批标准化。行政审批标准化是理工科的理念与技术运用于公共管理的一个典型案例，其具有多维度的实践意义和理论含量，特别体现了效能政府和善治政府的时代取向。随着政府管理的逐渐透明、规范，面对行政审批过程和结果的透明度与可预期性不足，以及行政审批部门存在效率不高等问题，各地探索了多种改革方案。其中，在近年来具有一定影响力并引起广泛关注的一种改革模式是行政审批标准化建设。一般认为，这场改革始于2010 年的浙江省宁波市，几乎与此同时，或者此后，上海、安徽、江西等地亦陆续推进了行政审批的标准化建设进程。

在标准化实践中，存在着审批标准科学性不足及其持续改进的动力机制缺失、联合审批标准制定面临法规和技术障碍、实质性联合审批缺乏制度和体制支撑等问题。针对这些问题，各领域相关人员尝试运用解释技术和规范创制提升标准的科学性和合法性；通过技术审批与行政审批相分离等路径，为标准化建设提供更好的制度土壤；通过深化行政许可职能归并和其他配套制度改革，推进部门联合审批的实质性运作。这些措施都有一定的合理性和可行性。经过近些年的实践，行政审批改革取得了一定的成效，但也面临"深水区"的各种体制机制问题需要合力破解。这也从另一个侧面说明了标准化与政府管理存在一定的重合面和差异面，不能一刀切地将标准化和政府管理之间画等号。

综合来说，标准是行业生产、市场贸易和科学管理的重要依据，标准与国家法律、行政管理相互支撑，标准的制定更应该符合国家的相关政策，不允许与国家法律、法规和方针政策相抵触。

1.3.3　标准化的地位

标准化的地位有许多社会关系层次的表述。标准化地位可以从国际、国家和全社会 3 个层次来分析。

1．国际化的基础

标准化具有国际化的基础地位。国际化包括政治国际化、贸易国际化等。世界政治舞台是纷争最多的领域，主要问题是对于正义与邪恶没有形成共同的标准，政治关系未形成世界性的认识标准化。世界政治各领域实际上是在为确立自己的标准而斗争。由于国际政治没有标准化认识的基础，因此难以形成政治的国际化基础。而在贸易方面，标准化已具有国际共识，国际上已有 163 个国家自愿参加了国际标准化组织(ISO)，并建立了 700 多个标准化技术委员会和分技术委员会。世界上 200 多个国家和地区中的 80%参加了国际标准化组织，这些国家都是在国际事务和经济实力方面的重要国家。国际标准化组织的技术委员会几乎覆盖了绝大部分的技术领域。正是由于技术领域有了国际标准化这一基础，贸易的国际化才得以在各国间顺利开展。国际标准化之所以能成为国际的共识，根本原因在于国际标准化带来的巨大利益。国际标准化是发展国际贸易的基础，它为产品的跨国使用搭建了兼容和协调的技术关系，使产品和技术的跨国流通成为可能。一切国际化关系的形成都是基于其标准化关系的建立，因此，标准化是国际化的基础地位。

2．国家利益的体现

标准化背后是国家的利益。充分利用成熟的技术和产品，建立产品间的互换性关系和标准化的工作关系，以及提高劳动效率等是每一个国家的追求。要实现这些追求，需要通过标准实施来建立良好的标准化状态，以标准化状态来获取节约、效率等利益。标准化的影响是普遍性的，标准化带来的利益事关国家的普遍性利益。标准化的发展模式是绝大部分国家用法规规定的发展模式。我国于 1988 年制定和颁布了《中华人民共和国标准化法》，并明确规定了几乎全面覆盖 5 个方面标准的制定内容。其还规定，在科研、生产、流通等方面不符合标准化时，将与违法同责。国家通过制定标准、实施标准、实施监督标准等标准化活动来体现国家推行标准化的意志，以保护标准化这一国家利益。

3. 社会生活支撑

标准化是现代社会生活的支撑。标准化是人类群体化生存的依靠，是人类群体化生活处处时时的需要。标准化畅通了人类的交流，语言标准化解决了人类面对面的直接交流问题，文字标准化解决了人类非见面的交流问题，没有标准化就不可能进行人与人的交流；标准化传播了人类劳动的有效工具和方式，大大提高了劳动生产效率；标准化规范了人类社会的行为，建立了社会秩序，制约了人们之间的相互阻碍和危害；社会各领域的生产都是依靠标准化设计、制造、试验进行产品开发的，极大地提高了产品的生产效率；生活中没有标准化，人们对各种事物将无法判断和无法信任，要取得信任和作出判断将支付巨大成本。今天，社会信息的畅通、工作的效率、生活的方便和秩序等都是依存于标准化的。

进入 21 世纪以来，发达国家，特别是欧、美、日等国家均出台了国家标准化战略，旨在强化标准的地位。我国于 2002 年也提出了人才、专利及技术标准三大战略。按照专业及行业领域划分，区域标准化战略涵盖了工业、农业、服务业、社会管理、公共服务、高新技术产业、国防及其他领域的产业性标准化战略。这些大的产业性标准化战略又包括若干个专业领域的标准化战略。

第二章　世界主要国家标准体制

为了经济和社会的快速发展,世界各国根据不同的需求和特点制定了差异化的标准。在世界一体化进程中,受国际贸易、供需多样化和产品一致性要求的客观影响,世界各国逐渐将标准化建设作为融入全球经济的一个重要抓手,地位日益凸显。但由于各国国情、社情和意识形态的不同,在标准化推进过程中产生了多种管理模式和体制。通过了解世界主要国家的标准体制,有助于进一步了解我国标准建设现状,为各领域标准化建设提供参考。

2.1　德国标准化

德国被称为"世界标准化的冠军",其在标准化方面的认识和执着世界闻名。标准对德国社会和经济的影响十分巨大,其已经融入了德国人的意识形态当中,成为德国人生活的一个重要组成部分。据德国专家研究,标准化每年为德国带来 160 亿欧元的直接经济利益,约占德国国民生产总值的 1%,标准化对年经济增长率的贡献率为 2.7%,是专利对经济贡献率的 9 倍。

2.1.1 德国标准化建设模式

德国实行的是政府授权、民间管理的标准化管理模式，其主要法律及政策依据是德国联邦政府与德国标准化组织签订的合作关系协议，标准制定组织根据协议授权开展工作，支撑政府，服务社会。

德国是世界上最早开展标准化活动的国家之一。早在 19 世纪，许多大企业为了使产品规格统一，制定了工厂标准。19 世纪后期成立的各种专业技术协会，如德国工程师协会(Verein Deutscher Ingenieure，VDI)、德国电气工程师协会(Verband Deutscher Elektrotechniker，VDE)以及德国钢铁工程师协会(Verein Deutscher Eisenhüttenleute，VDEh)等均将标准化列为其主要任务之一。船舶制造业的商船标准委员会、汽车制造业的交通审查委员会也对行业中大量使用的零部件制定了统一的标准。但是，当时人们对产品标准化的必要性认识不足，标准制定数量有限。第一次世界大战的爆发促进了军需物资生产的急剧增长，强烈要求统一各种零部件的规格标准，从而加速了标准化的发展。之后成立了德国工程师协会(VDI)，后来又将各工业协会制定发布的标准与德国工程师协会标准合并，统称为德国工业标准(Deutches Industrie-Norm，DIN)。之后名称又发生了几次变化。1975 年 5 月 21 日，德国标准委员会改名为德国标准化协会(Deutsches Institut für Nurmung，DIN)。

为了确保 DIN 的公益性和经济来源，2001 年 DIN 进行了机构重组，并正式成立了 DIN 集团。这次重组的重点是将 DIN 的公益性标准化核心部门与以营利为目的的企业实体脱钩。

2.1.2　德国标准化建设依据

德国标准化协会是德国主要的标准化组织,其工作指南主要是联邦政府与德国标准化协会签订的合作关系协议、DIN 820《标准化工作》系列标准、《德国标准化战略》。合作协议是标准化组织的存在的基础,DIN 820《标准化工作》系列标准是标准化组织的工作指南,《德国标准化战略》是德国标准化未来发展方向的指导。这三个文件为德国标准化的发展奠定了法律基础、政策依据和活动规范。

1975 年 6 月 5 日,德国联邦政府经济部长 Friderich 博士代表联邦政府,德国标准化协会主席 Leitz 博士代表 DIN,就相互之间的合作关系签署了一项协议,对双方各自的义务、承诺和合作内容作出了明确规定。该协议由 11 项条款和 3 个附录组成。附录除 1971 年 2 月版 DIN 820《第 1 部分:标准化工作一基本原则》和 1975 年 3 月版 DIN 820《第 3 部分:标准化工作一概念》外,还有一个附录是《对于合作协议的解释性内容》。该协议"概述"中指出,"到目前为止,联邦政府和 DIN 之间的关系没有通过司法条文进行管理""鉴于上述情况,DIN 和联邦政府的合作关系应该通过条文加以明确"。"概述"还指出,与制定一个具体的法案相比,联邦政府与 DIN 签署合作协议的方式更为灵活。"作为公共法律框架之下的合同,目的是在那些不隶属于法律范畴下的领域发挥作用,同时辅助合作关系",在正文的第 11 条款中也阐述了签署"合作协议"的灵活性。"本合同没有确定的终止日期。任何一方只要提前一年提出终止合同的意向,都可以在下一年年末终止本合同"。

该合作协议的主要内容有 6 项：

(1) 确认 DIN 是国家标准化机构。

(2) DIN 优先制定联邦政府需要的标准。

(3) 联邦政府对 DIN 提供财政支持。

(4) 联邦政府承诺采用 DIN 标准。

(5) 联邦政府官员参与 DIN 的管理机构。

(6) DIN 标准保持与政府立法的一致性。

2.1.3 德国标准体系

德国标准分为国家标准、行业标准和企业标准。

(1) 国家标准：由 DIN 制定。

(2) 行业标准：由 DIN 以外的各专业团体制定。

(3) 企业标准：企业本身按照市场需要和用户要求制定的公司标准。

德国将各种标准、技术法规、技术规程、技术条例和技术规格统称为技术规范文件，划分为"技术法规""技术规则""一般基准、标准和规范"三个层次。

2.1.4 德国标准化战略

德国认为，作为世界上最重要的经济大国和贸易大国之一，德国应在欧洲及世界范围内扮演标准化领导者的角色。德国需要一个实力雄厚的标准化机构支撑"世界出口冠军"和技术产品出口强国地位，并使标准化工作适应社会经济的发展。

在经济动荡的今天，标准化已经成为提升德国竞争力的重要因素。

DIN 作为德国的国家标准机构，其制定的标准为加强企业的竞争力和创新能力提供了巨大支撑。据统计，DIN 所制定的标准中，上升为欧洲和国际标准的达到 80%以上；从国际标准化组织(International Organization for Standards，简称 ISO)技术委员会(TC)和分技术委员会(SC)的资助额计算，DIN 的贡献率高达 19%，超过美国标准化协会(ANSI)15%，位列世界第一。由此可以看出：标准化能够促进欧洲单一市场及全球贸易的开展；DIN 在消除贸易壁垒、创造全球市场的工具方面为出口型的德国经济发展中作出了巨大贡献。

德国认为："谁制定标准谁就拥有市场"。为继续保持技术和经济的领先地位，迎接经济全球化和欧洲统一市场带来的挑战。2003 年，来自经济、政治、科研和标准化领域的代表就德国标准化工作的未来发展进行了讨论，并提出了 5 项战略目标。2004 年 3 月 29 日，DIN 召开研讨会，在更广泛的范围内就德国标准化今后的走向进行了研讨，该研讨会形成的文件成为制定德国标准化战略的基础。2004 年 6 月，DIN 主席团批准通过了德国标准化战略，并于 2005 年 1 月正式发布实施。其主要内容包含 5 个战略目标。

(1) 以标准化确保德国工业领先国家地位。

预期结果：标准化是德国经济、政治的重要组成部分，并保证德国为一个经济强国；从战略高度在强化、塑造和开拓欧洲和全球市场中发挥重要作用；借助于适应市场和时代要求的标准化工作，在国际竞争中取得战略上和经济上的优势。

措施包含：增强企业、政府和社团决策者的标准化意识；建立和发展标准化机构、商业协会和政府间的网络关系；确立发展速度最快和具有增长潜力的重点产业；标准化与研发紧密结合；促进以欧洲模式作为国际标准；在新兴经济国、欧盟新成员国及申请国建立欧洲标准化体系。

(2) 使标准化成为支撑经济和社会取得成功的战略工具。

预期结果：经济决策机构应充分认识到标准化的作用，认识到标准化对企业经营和市场产生的影响，认识到标准化对安全、健康、环境保护和消费者保护做出了重要贡献，并提升了投资的安全性。

措施包括：加强有针对性的市场推广；创建联络和信息交换网络；促进企业内部标准化信息的流通；加强标准化的教育和培训。

(3) 标准化是政府放松管制的手段。

预期结果：牢固树立标准化是行业职责的意识；政府接受"在立法中引用标准"原则，放松政府管制，并正确评价标准化对政府行政管理的重要贡献。

措施包括：与政治决策机构进行对话；明确界定标准化与立法工作；加大新方法的采用力度；将新方法扩展至新领域。

(4) 标准化及标准化机构促进技术整合。

预期结果：优化各层面标准化机构的结构和流程，加强行业协会间的标准化联系，确保由传统技术融合而成的新技术进入地区和全球市场。

措施包括：站在体系的高度，研究、制定体系标准；进行整合的技术领域统一行动，步调一致；组织机构最优化；向欧洲和国际层面渗透。

(5) 标准机构提供高效程序和工具。

预期目标：适应新技术越来越短的创新周期；标准机构必须提供高效的程序和工具，包括高级标准化专家的参与以及采用一定范围内协调一致的程序制定"规范"等；加速制定或修订各类标准，尽早向市场提供新型规范性文件等。

措施包括：采用积极的标准化市场营销方法；加大新型规范性文件(PAS 等)的应用力度；对标准化工作新项目的市场相关性进行评估；工作流程的最优化；确保德国标准化的质量水平。

2.1.5　德国标准化理念

德国的标准化已经融入德国人的日常生活,标准化的贯彻执行已经成为他们意识中的"理所当然"。德标 DIN 在经济领域及日常生活中所起的作用远远超过人们的想象，即几乎 1%的国民生产总值要归功于标准化的使用。柏林理工大学研究标准化经济应用的教授克努特·布兰德(Knut Blind)表示，对德国的出口来说，标准化是一个真正的经济因素——"与英国等其他国家相反，德国有非常显著的国家标准化传统。"德国人的标准化逻辑是：谁能将国内的产品标准也推广成国际化标准，谁就能为自己的出口经济拓宽道路。德国在这方面做得很成功，因为三分之二的国际机械制造标准是根据德国标准制定的。

德国人思考的背景因素与美国完全不同："欧洲人深信，制定一套统一的标准规格是件好事，这样，当出现争议问题时，就有一个共同认可，能提供解决方案的标准答案作为各方遵循的基础。但美国的情况就不一样了：他们没有常设的国家标准化机构，而是存在超过 200 个私营标准化机构。在多如牛毛的各种标准中，就会出现一些互相矛盾的标准。"当美国的标准化相互竞争的时候，德国则更看重于统一规格产品间的竞争。

2.2　美国标准化

美国是一个依赖私有部门标准的国家。虽然美国政府也制定了大量的政府采购标准和法规性标准(统称政府专用标准),但随着标准在科技和贸易中地位的不断提高,美国政府越来越依赖于这种有价值的私有部门资源,美国政府已成为私有部门标准的最大用户。

2.2.1　美国标准化建设模式

美国标准化采用自愿性标准建设模式。自愿性标准的特征是自愿性参加制定,自愿性采用。在美国标准化发展相当长的历程中,美国联邦政府对采用民间组织制定的自愿性标准并不积极,直到20世纪80年代后期,美国联邦政府才开始重视民间标准化活动,特别是国会相继批准了几部法律,使标准化局面得以根本改观,不但推动了政府采用民间标准,而且推动了民间标准化的发展。

美国各联邦机构积极采用自愿性标准,使成百上千的自愿性标准得到了采用。根据NIST(美国国家标准技术研究院)统计,截至2009年,美国政府在法规性文件中总共引用标准达8400多次,其中80%以上的标准都是由私有部门制定的。私有部门标准大量替代了美国政府的专用标准,据NIST统计,自1998年至2009年,共有2921项协商一致产生的标准替代了美国政府专用标准。其中,2009年的112项替代标准全部发生于美国国防部内。同时,美国联邦政府积极参与私有部门的标准化活动。统计表明,仅2003年美国联邦机构共参与了433个私有行业标准制定组织的活动,包括 ANSI(美国国家标准学会)认可的自愿性标准制定组织、协会和工业财团。除了在委员会层面参加活动外，美国联邦政府的代表在这些组织中还担任不同职务，发挥了领导作用，如承担秘书处工作和办公室工作，或成为理事会成员等。

2.2.2　美国标准化建设依据

美国关于标准化方面的法律及政策依据的是 3 部法律和两个战略。3 部法律为：《国家技术转让与推动法案》(公法 104-113，简称 NTTAA)、《联邦参与制定和采用自愿一致标准及合格评定活动》(OMB 通告 A-119)和《2004 标准制定组织推动法案》(公法 108-237，简称 H. R. 1086)。两个战略为：美国国家标准战略、美国标准战略。3 部法律和两个战略是美国近二十年来以及今后一段时期内标准化法律与政策的核心内容，其目的是围绕美国标准化大政方针确保标准化战略目标的实现。

1.3 部法律

1980 年，美国国会批准了《Stevenson-Wydler 技术创新法》，目的是"为实现国家经济、环境和社会目标"而推动美国技术创新。这一法律实施后，美国常常出现联邦政府和私有部门都制定相同或类似标准的问题，即私有部门已经制定或拟定了标准，联邦机构还要制定类似或相同的"政府专用标准"。同时，"美国政府对于支持制定自愿性一致性标准或在其自身的采购中使用这类标准，历来是不感兴趣的"。在 20 世纪 80 年代，国会通过了几项扭转这一立场的法律，即《1995 年国家技术转让与推动法案》(NTTAA)等一系列法律，要求和鼓励美国政府机构尽可能采用民间组织制定的自愿一致性标准，有效地解决了上述问题。

OMB(美国政府管理预算局)对《联邦参与制定和采用自愿一致标准及合格评定活动》(OMB 通告 A-119)做了修订，旨在有效地实施 VTTAA 的有关要求。尽管 NTTAA 中的许多要求已经是 OMB 通告 A-119 中的部分内容，但 NTTAA 的实施将这些内容通过法的形式编成法典，从而加强了相关内容的法律地位。OMB 通告 A-119 给美国联邦政府机构提供了实施 NTTAA 并从私有部门获得专业知识的指南，推动了美国联邦政府机构参与私有部门标准制定的活动，从而保证了私有部门制定的标准能同时满足美国联邦政府机构的要求。如果私有部门制定的标准能够满足美国联邦政府的需求，则美国联邦政府机构就无需制定"政府专用标准"，从而降低了美国政府部门对政府标准的依赖程度。

在 NTTAA 发布实施 8 年后的 2004 年，根据 NTTAA 在实施中遇到的问题，美国国会批准了《2004 标准制定组织推动法案》。该法案也是 NTTAA 的支撑法律，主要内容是对自愿性标准制定组织的权利进行保护，也是保证美国政府机构充分采用自愿一致性标准的重要保障，目的是鼓励标准制定组织"制定和颁布自愿一致性标准"。NTTAA 要求和鼓励美国政府机构尽可能采用民间组织制定的自愿一致性标准，这样做既可充分利用这些标准中的成果，也可提高行政管理效率，减少相应成本。这就需要进一步鼓励民间组织积极制定自愿一致性标准。因此保证民间组织的权利就显得十分重要。"该法只保护标准制定组织"，"对于参与标准制定活动的实体，该法的颁布不会影响他们在反垄断法中的地位，他们的地位没有任何变化"。

2. 两个战略

20世纪80年代后期，技术标准在经济全球化浪潮中的战略地位和竞争优势日益明显。制定标准化战略是美国更加重视标准化活动的重要标志和重大举措。1998年9月，ANSI、NIST共同召开了美国标准化战略研讨会，会上做出了制定美国国家标准化战略的决议，同时成立了由政府、商会、工业界、行业协会和其他组织代表组成的领导小组。美国经过两年的努力，于2000年9月7日发布了《美国国家标准战略(2000—2005年)》。这是美国在技术标准领域的第一个纲领性文件，以后每5年更新一次，最近一次更新于2021年1月。该战略提出了自愿性标准化的基本原则，指出无论是在国内还是在国外，要继续推行"自愿性标准化"战略并提出了国际和国内战略目标。该战略特别强调要增强ANSI的协调能力，以减少标准制定中的重复现象，实现美国国内标准和国际标准的一致化。

《美国标准战略(2000—2010)》(USSS)相当于《美国国家标准战略(2000—2005)》(NNS)的修订版。NNS强调指出，无论在国内还是国外，美国都致力于以部门为基础开展标准化活动。USSS不仅名称发生了变化，体现了全球化对标准的需要，而且也反映了变化了的标准化环境(包括标准制定活动的新模式，更加灵活的方式和新结构等)。该战略的制定由政府、行业、标准制定组织、集团、消费者团体和学术团体等利益相关方组成的团体共同努力实施。在整个制定过程中，秉承公开、公平、透明的承诺。

2.2.3 美国标准体系

美国自愿性标准由国家标准、协(学)会标准、企业标准(联盟标准)3

个层次组成。

(1) 国家标准：政府委托民间组织(ANSI)组织协调，由政府认可的标准制定组织(行业协会)和委员会制定的标准。

(2) 协(学)会标准：由各种协(学)会组织所有感兴趣的生产者、消费者以及政府和学术界的代表参加通过协商程序而制定出来的标准。

(3) 企业标准：企业本身按照市场需要和用户要求制定的公司标准。联盟标准实际上是某种范围的协会标准或扩大了的企业标准。

美国标准体系还可按美国联邦政府标准体系和非联邦政府标准体系分类。

2.2.4 美国标准化战略

《美国国家标准战略(2000—2005)》提出了11项战略任务：

(1) 通过现有的公共部门和私有机构的通力合作，促进政府使用自愿一致性标准。

(2) 制定能满足健康、安全和环境需要的标准。

(3) 改进标准体系以适应消费者的需求。

(4) 扩大标准涉及的范围和吸收所有愿意投身于标准化的组织机构。

(5) 努力用美国的原则与构想去改变国际标准化程序。

(6) 协调全球范围内标准的应用。

(7) 制定一个超级规划去展示美国技术、标准和程序在美国之外的价值。

(8) 改进标准制定程序以满足消费者对标准效率的要求。

(9) 加强美国标准体系中不同公共部门和私有机构之间的沟通。

(10) 教育公共部门和私有机构决策人员应提高对标准价值的认识，以及如何采用先进程序的技巧，从而提高标准制定的效率。

(11) 为标准化基础建设建立一个稳定的资金机制。

《美国标准战略(2005—2010)》在国际战略愿景方面提出：在制定全球性标准中应普遍采用全球所接受的原则；在立法和采购中，政府应尽可能多地采用自愿一致性标准，而不是另外制定强制性标准。在国内战略愿景方面提出：所有利益相关方应通力合作，以消除繁文缛节和重复工作；公共部门和私有部门的管理者们应认识到标准化在国家和全球范围内的价值，并应提供充分的资源和稳定的财政机制支持标准化。在措施方面提出：通过公共部门和私有部门的合作，强化政府参与自愿一致性标准的制定和应用；继续在协商一致标准的制定中强调环境、健康和安全理念；鼓励政府使用协商一致的标准作为管理需要的工具等。

2.2.5 美国标准化理念

通过美国标准化战略的分析可以看出，美国标准化战略的核心内容是：加强政府采用自愿一致性标准，推动技术进步和创新；在全球竞争中，通过标准战略维护美国的利益。美国标准化理念主要体现在以下三个方面：

(1) 全球化。美国两个标准化战略体现了美国标准战略是一种全球化视野的战略以及一种新的标准化环境(即包括标准制定活动的新模式，更加灵活的方式和结构)。美国民间标准组织国际化发展趋势由来已久，今后势必更加强劲。美国一些重要的民间标准制定团体的会员或成员来自世界各国的各个方面，包括一些最有影响的公司。比如 ASTM(美国试验与材料协会，2001年改名为"ASTM国际组织"(ASTM International))。按照该组织的理论构想，该组织第一步服务于美国，第二步服务于美国、墨西哥和加拿大，第三步服务于全世界。他们已经成为其他任何跨国企业集团无法比拟的、几乎完全代表美国利益的国际化组织，牢固占据着标准化修订的制高点，其触角已伸向并影响着全球各个领域。这一趋势必将构成对ISO和IEC(国际电工委员会)以及区域标准化组织的冲击和挑战，影响国际标准化的走势

(2) 全面覆盖。"向还没有标准涉足的领域进军"，这是美国国家航空航天局重点工程办公室标准行政主管 Richard H. Weinstein 一篇讲话的题目，它反映了美国标准化发展的一个重要趋势，这意味着又有许多新领域将有可能被打上美国标准的印迹。这是美国一项具有战略意义的发展观。标准没有涉足的新领域既包括各新兴工业、新兴服务业领域，也包括传统的、被长期忽略的产业。

(3) 美国利益优先。美国标准化战略要求美国标准化要内含美国技术、标准和程序在美国之外的价值，即要求公共和私有部门在全球标准制定中的投资必须有利于美国经济的健康发展。美国在《美国国家标准战略(2005—2010)》中指出："并非所有的标准制定活动都能反映我们的原则和构想"。因此，要"努力在国际上改进标准制定过程，使其更加紧密地反映我们的原则和看法"，要以各种方式参与国外的标准化活动，并在其中竭力实施这些原则和构想中"发挥领导作用"。由此可见，美国在努力改进国际标准的制定程序，使其更能反映美国的原则及构想。

2.3　日本标准化

日本标准化发展的历史相对较晚,在标准化发展初期只注重集中管理以适应对外扩张需求。第二次世界大战以后,日本实施"追赶型"标准化战略,借鉴美国和欧洲的经验,形成了健全的、独具特色的标准化管理体制和运行模式,为经济复苏以及后来的快速发展提供了重要支撑。

2.3.1　日本标准化建设模式

日本标准体系中的两大部分,即工业标准和农业标准,分别由经济产业省和农林水产省制定和颁布。日本政府主管标准化机构主要是日本工业标准委员会(JISC)和农林产品标准委员会(JASC)。根据日本现行的行政管理体制,经济产业省负责全面的产业标准化法规制定、修改、颁布及有关的行政管理工作,具体工作由 JISC 执行,其他行政管理省负责本行业技术标准的制定。不同领域的日本工业标准分别由不同的总务大臣等主管大臣负责制定。

政府是日本标准建设的主体。日本国家标准由工业标准和农业标准两大部分组成,分别由日本经济产业省和日本农林水产省所属机构组织制定和颁布。比如 JISC 就是日本经济产业省产业技术环境局下属的一个审议机构,其委员由经济产业省主管大臣任命。产业技术环境局虽是 JISC 的上级机关,但同时又是 JISC 的办事机构,全面负责 JISC 的日常工作。产业技术环境局下设的各处同时为 JISC 各专门委员会的秘书处,以保证"日常办事机构"的职能实施。JISC 充分行使审查功能,没有经过他们的审查，任何原始标准方案都无法成为日本工业标准，任何主管大臣也没有权力不通过 JISC 的审查，越过 JISC 自行制定日本工业标准。

三类组织并行。日本除政府组织(JISC 和 JASC)外，还有两个标准化相关机构。一是日本政府认可的民间标准化机构——日本标准协会(JSA)。JSA 是于 1945 年 12 月 6 日由日本航空技术协会和日本效率协会合并并经商工大臣认可成立的民间财团法人机构。1949 年《日本工业标准化法》颁布，JSA 开始开展标准化工作。主要任务有：标准化调查、研究、开发工作；信息化工作；教育研修工作；JIS 标准的宣传、普及工作；国际标准化工作；审核、注册工作；JIS 标志认可工作。二是民间行业标准化机构。各行业协会、学会、工业协会等民间团体负责制定本行业内需要统一的标准和承担 JIS 标准的研究起草任务。在这些团体中，有的设有专门的标准化机构，有的直接由技术部门负责标准化工作。行业标准原则上只适用于该团体内部成员，如日本电机工业会 JEM 标准、汽车技术会 JASO 标准以及日本电气协会 JEC 标准等。

2.3.2　日本标准化建设依据

日本标准化法律、法规十分健全，其标准化法律的基本目标和框架数十年始终保持不变，而其具体内容条款则根据国际、国内形势的发展变化而不断修订，从而使标准化法律体系既十分稳定，又与时俱进，随时保持对日本经济发展的适应性。

日本关于标准化的法律主要有两部，一部是 1949 年颁布实施的《日本工业标准化法》，一部是 1950 年颁布实施的《日本农林产品标准化和正确标签法》，这两部法律随着形势的发展都经历了多次修改。

《日本工业标准化法》是规范日本工业标准化活动的根本大法，于2005年10月1日又经过修订。该法的目的为：通过制定、实施适用而合理的工业标准，促进工业标准化的发展，改进工矿产品的质量，提升生产效率，实现交易的简单化和公正化以及产品生产、使用和消费的合理化，并以此增进公共福祉。

1950年5月日本政府颁布实施的《日本农林产品标准法》旨在制定和推广日本农林标准(JAS)，以此改进产品质量，谋求生产、使用和消费的合理化，同时对日本农业标准的制定、确认、修订和废止程序进行了规范。1968年5月，日本国会众参两院通过一项决议，其目的为：为了适应制定和实施保护消费者基本法的需要，要求《日本农林产品标准法》扩大调整对象品种，将进口产品也包括进来，建立质量分级标准，充实和明确质量表示制度及方法。农林省于1970年5月修订了《日本农林产品标准法》，并将其改名为现在的《日本农林产品标准化和正确标签法》。

2.3.3　日本标准体系

日本的标准分为国家标准、行业标准和企业标准。

(1) 国家标准：按照《日本工业标准化法》的规定制定的日本工业标准(Japanese Industrial Standards，简称 JIS)。

(2) 行业标准：由日本的业界团体、学会和协会分别制定的各自专业范围内的团体标准。

(3) 企业标准：有技术经济实力的大企业、公司根据自己的产品情况制定的公司或企业的标准。

日本的国家标准制定遵循市场化原则，基本形成了政府监管，授权机构负责，专业机构起草，全社会征求意见的标准化工作运行机制。

2.3.4 日本标准化战略

2001 年 9 月，日本正式制定了《日本标准化战略》，结合了日本在标准化战略由政府主导制定的日本工业标准化事业发展长远规划，为日本标准化事业的长远发展奠定了坚实的基础。

《日本标准化战略》的目标是提高标准的市场适应性和加强国际标准化活动，使标准化政策和研究开发政策协调统一。其核心是加强国际标准化活动，建立适应国际标准化的技术标准体系，加大产业界参加国际标准化活动的力度。《日本标准化战略》包括 27 个行业的标准化战略，其中强调了 4 个重点领域：信息技术领域、环境保护领域、反映消费者特别是弱势群体需求的领域、制造技术与产业基础技术领域。主要内容包括：确保标准化满足各个技术领域的要求，扩大参与标准化活动的有关方面的范围；提高制定标准的速度和透明度；积极开展标准化的基础研究及开发工作；加强国际标准化工作，提高对标准重要性及作用的认识；加强标准化人才的培养，营造良好的标准化环境。

2006 年日本内阁府成立了以安倍晋三为本部长的战略本部，开始研究制定《日本国际标准综合战略》。该战略分析了制定《日本国际标准综合战略》的紧迫性，明确了 2007—2015 年日本的国际标准战略思想、战略目标和战略措施。由首相亲自主持制定国家的国际标准综合战略，表明了日本空前重视国际标准竞争。《日本国际标准综合战略》主体思想是：举全国官民之力，面向未来 100 年，向着国际标准化的新世纪迈进。其战略目标是：到 2015 年，日本参加国际标准化活动的能力达到与欧美主要国家并驾齐驱的水平。其战略措施是：转变日本产业界标准化意识，强化参与国际标准化的机制，加大整个国家参与国标标准化活动的力度，培养国际标准化人才，强化与亚太区域各国合作，为制定公正的国际标准化规则做出贡献。

2.3.5　日本标准化理念

在国际标准的外部环境剧烈变化的大前提下，日本并不满足其在国际标准化舞台上的地位，认为自己处于劣势。因此日本将自己国家标准化发展定位为赶超型竞争，提出了今后很长一段时期的综合战略，并期望在2015 年前完成本国在国际标准化活动中从西方发达国家的追随者到领跑者的转变。为此，日本在标准化战略中，对内外都有贯穿始终的理念。具体表现在以下几方面：

(1) 实用性。日本在 2000 年 4 月制定的《国家产业技术战略(总体战略)》中提出，要最大限度地普及和应用技术开发成果的观点，把标准化作为通向新技术与市场的工具，深刻认识以标准化为目的研究开发的重要性。该战略指出，今后的日本标准化政策不仅是有效地制定标准，还要与研究开发政策建立密切关系，要建立"标准化政策和产业技术政策一体化推进"和"支援标准化研究开发的体系"。

(2) 注重法规、标准并行。与美国、英国、德国等国家有所不同，日本在标准的实施方面，除法律、法规采用标准和合格评定进行推动外，还从政府层面比较注重市场监管，从企业层面有广泛的全面质量管理基础，从国家层面实施标准与科技研发同步发展。在日本有一套完整的法律、法规采用标准机制。《日本工业标准化法》第六章"原则"(尊重日本工业标准)部分中要求"国家和地方公共团体在制定有关矿业和工业相关技术标准时,在制定采购的矿业及下业产品的相关标准时,必须尊重日本工业标准。此外,就涉及该事务制定有关第 2 条第 2 项所列事项的标准时,必须尊重日本工业标准"。

(3) 注重质量认证。根据《日本工业标准化法》的规定,自 1949 年 7 月开始实行 JIS 标志制度,并把制定 JIS 标准和实行 JIS 质量标志制度并列为标准化工作的两大支柱。J1S 标志制度最初仅以主管大臣指定的产品为对象。1950 年 3 月,水泥瓦、生铁等 10 种产品获得了第一批 JIS 标志。1966 年修订《日本工业标准化法》时,日本将加工技术正式纳入 JIS 标志制度。2005 年 10 月修订实施的《日本工业标准化法》对 JIS 标志进行了重新设计,并增加了环境保护及安全等特定技术领域使用的 JIS 标志。当前 JIS 标志有三种,即工矿产品用 JIS 标志、加工技术用 JIS 标志和特定技术领域用 JIS 标志。最新修订的《日本工业标准化法》的突出特点就是废除了由国家指定 JIS 标志适用产品制度,将由国家管理的合格性评定((认证)制度改为由国家授权认可的民间认证机构进行的与国际接轨的第三方认证制度,从而使新的 JIS 标志认证体系可以涵盖所有能够接受认证的产品,而且认证制度的灵活性也明显提升。值得提及的是,日本 JIS 标志制度的一个重要特点是申请 JIS 标志的产品必须由通过 ISO 9001 认证的企业生产。也就是说,JIS 标志制度是建立在通过认证的生产过程控制基础上,而不是建立在产品检验基础上。日本 JIS 标志制度这一特点,更加有力地推动了标准在企业中的实施。

(4) 注重国际化。一是从政策上鼓励日本企业或团体积极参加国际标准化活动。在《日本工业标准化法》以及根据该法制定的推进工业标准化的长远规划中，都把国际标准化提到了重要位置，并制定了参加国际标准化活动的计划及相应的措施。1997 年日本经济产业省还专门发布了有关日本国际标准化政策的报告，报告强调必须选择优先进行国际标准化活动的领域，政府和产业部门应共同协作，促进这一目标的实现。二是通过各种措施加强国际标准化活动。日本积极向国际标准化组织提出以 JIS 标准为基础的国际标准草案，并制定"JIS 与国际标准整合工作原则"。

此外，日本还将国际标准化活动作为战略重点，注重培养国际标准化专业人才和专家，以国际化的视野和战略推动日本标准化的与时俱进。

第三章 标准体系

按照系统论的观点，标准化也是一项系统工程，即标准化系统工程。钱学森指出"标准化系统工程的任务是建立标准体系"。为了达到标准化的目的，就要建立一个具有结构优良和功能齐全的标准体系。国家层面的标准体系及标准化战略就是产品或服务的顶层设计，区域、产业及企业内部的标准体系就是该范围的产品或服务的顶层设计。

3.1 标准体系设计原则

人为设计的体系都有一些类似或相通的特性，如整体性、相关性、集合性、层次性等。整体性决定体系结构的范围和内部一致性，是系统内部综合协调的表征，系统的特征形式构成了体系具体的结构形式。集合性、相关性和层次性是作为体系结构主体构架的内涵特征。标准体系是人为设计的系统，因而必须根据国际、国内形势和国家现实需要进行总体设计。

3.1.1 国家标准化设计原则

改革开放之后，我国的标准化开始营造比较宽松的理论研究环境，中国标准化协会在标准化理论研究方面也提供了持续的交流平台。这也就形成了在上世纪 80、90 年代我国标准化理论研究百花齐放的局面。从那时起，我国标准化领域对外交流逐渐扩大。发达国家先进的理论思想和标准化的基本理念对我国的标准化理论建设和标准化体系建设都产生了重要影响，并逐渐形成了许多理论成果。

陈文祥在上世纪 80 年代为西安交通大学编写了《标准化原理与方法》教材。他在教材中用重复利用效应、经验积累规律与熵增加原理相结合角度论述了简化原理是标准化的基本原理，同时提出标准化管理中应实施优化原则(功能结构优化、参数系列优化)、动态原则、超前原则、系统原则、反馈原则，以及宏观控制和微观自由结合原则。

中国人民大学教授常捷和何连在上世纪 80 年代初撰写的《标准化原理与方法》一书中提出了标准化的"八字"原理，即"统一、简化、协调、选优"。"统一"表示对具体有等效功能的标准化对象(物质的、文字的)或其技术要素(如：尺寸、参数)进行合理归并，使之达到能通用互换或成为共同遵循的依据。"简化"表示保证在一定时期内适应需要的前提下，合理减少品种、型号、规格，并使之形成系列。"协调"表示在一定时间和空间内，使标准化对象内外相关因素达到平衡和相对稳定。"选优"表示根据标准化目的，评价和求解标准目标的最优解答。常捷认为：统一是目标，协调是基础，简化、选优是统一、协调的原则和依据。

郎志正在其主编的《标准化工程学》中提出了标准化的五项指导原则，即效益原则、系统原则、动态原则、优化原则和协商原则。

洪生伟在其撰写的《标准化管理》(2003)总结出标准化活动八项原则，即超前预防原则、系统优化原则、协商一致原则、统一有度原则、变动有序原则、互换兼容原则、阶梯发展原则、滞阻即废原则。具体内容如下：

(1) 超前预防原则，即标准化的对象不仅要在依存主体的实际问题中选取，而且更应从潜在问题中选取，以避免该对象非标准化后造成的损失。

(2) 系统优化原则，即标准化的对象应该优先考虑其所依存主体系统能获得最佳效益的问题。

(3) 协商一致原则，即标准化的成果应建立在相关各方协商一致的基础上。

(4) 统一有度原则，即在一定范围、一定时期和一定条件下，对标准化对象的特性和特征应做出统一规定，以实现标准化的目的。

(5) 变动有序原则，即标准应依据其所处环境的变化而按规定的程序适时修订，才能保证标准的先进性和适用性。

(6) 互换兼容原则，即标准应尽可能使不同的产品、过程或服务实现互换和兼容，以扩大标准化效益。

(7) 阶梯发展原则，即标准化活动过程是阶梯状的上升发展过程。

(8) 滞阻即废原则，即当标准制约或阻碍标准化对象依存主体的发展时，应立即废止。

3.1.2　国家军用标准体系建设原则

国家军用标准体系建设的基本原则包括目标性原则、科学性原则、系统性原则、开放性原则、全面性原则和可操作性原则等。

1. 目标性原则

对人造系统而言，设计系统时都有特定的系统目标。国家军用标准体系作为人造系统，也需要有特定的系统目标。围绕不同的目标，我们可以编制不同的体系表，建立不同的标准体系。因此，国家军用标准体系建设首先必须确立明确的、统一的目标。国家军用标准体系建设的全部工作都要以目标为指引，围绕目标开展，并最终保证目标的实现。

2. 科学性原则

国家军用标准体系建设要按照体系结构、促进技术进步、提高质量的思路，要符合国家和军队标准化发展战略，符合现代质量观，符合军队军事装备标准化建设自身特点和规律；要采用最新的标准化研究成果，通过科学合理的结构创新，提高标准体系适应军事装备发展能力，力求做到需求分析充分，专业划分合理，层次界面清晰；要通过对原有各类标准的科学提炼，提高新体系内各项标准的适用范围，力求做到标准名称规范，内容明确。

3. 系统性原则

标准体系作为人造系统，其存在和发展与结构和功能无不受到人们对这些系统本质认识能力的影响和制约。同时，一项标准的约定对象和内容是有限的，能够实现的功能也有限。国家军用标准体系通常以统一化、简单化、系列化、通用化、组合化及模块化等方式存在。要根据不同的任务需求和多个不同类型、专业领域的标准，对不同的标准内容和范围进行优选、整合，建立不同的标准体系，进行综合的使用。因此，在建设国家军用标准体系时，应以系统论为指导，在整体结构上注重体系内各个子系统之间相互配套，相互支持，相互协调，围绕共同的体系目标发挥整体效应；在标准层次划分上注重层次之间的继承关系，恰当地将所涉及的各类标准纳入相应的门类和专业序列中，做到层次合理、分明，标准之间互相配套、相互衔接、相互协调，构成一个完整的体系，避免标准交叉重复。

4．开放性原则

国家军用标准体系的开放性是提高其适应性和应变能力的必然要求。国家军用标准体系的开放性体现为内部开放和外部开放。在体系结构上建立信息通道，标准之间通过信息流动，相互作用，互相学习，实现体系内部开放，以发挥整体效应。通过过程标准建立标准体系各系统的信息接口，以信息交换结果作为标准体系对外的信息接口，实现体系对外开放，使系统能够适应环境变化。同时，建立国家军用标准体系专业维护管理体制，由专门人员监督，以分析标准的执行与变化情况，形成信息反馈机制。另外不断寻找标准体系改进节点和内容，使体系在适应环境变化的过程中不断自我完善。

5．一致性原则

手表定律：一个人只有一块手表，可以知道时间，但当拥有两块或者多块手表时却不能知道更准确的时间，反而会造成混乱，会让看表的人失去对准确时间的信心。手表定律的深层含义在于：每个人都不能同时挑选两种不同的行为准则或者价值观念，否则他的工作和生活必将陷入混乱。通常在企业管理中也不能同时设立两个不同的目标，以及每一个人不能由两个人来同时指挥，否则将会使企业或个人无所适从，甚至引起混乱。国家军用标准体系设计同样需要考虑标准体系内部的一致性，以避免重复规划和产生多重标准，导致标准的混乱。

6．全面性原则

在国家军用标准体系建设，特别是新一代常规武器试验鉴定的标准体系建设上，要注重体系结构图和标准明细表的全面成套，按照标准体系的目的和功能，应将所有需要的标准列入体系表，不能缺少和遗漏关键标准。

7．可操作性原则

国家军用标准体系建设的可操作性包括两层涵义：一方面是国家军用标准体系规划过程中，列入体系表中的标准、内涵、外延应清楚；另一方面是国家军用标准体系中各项标准在制定过程中要增强技术上的可操作性，充分发挥标准对现实工作的指导作用。

随着军民两用技术发展上升到国家战略，一些学者也提出了相关的标准化发展原则，如：

(1) 拓展内涵范围，形成全域覆盖。切实贯彻落实新时代新形势新要求，拓展标准领域范围，创新标准构成类型，统筹兼顾国防和军队建设各领域标准化建设需求。

(2) 提升标准层次，突出全军通用。着力解决国防和军队现代化建设所涉及的共性问题，强化对通用产品、共性技术的整体规划和统一规范，将各部门、各领域共性要素整合重组，实现体系优化。

(3) 精干标准体系，突出以战领建。合理设置标准层级，适度控制标准规模，将标准体系设计原则向备战打仗聚焦，着力强化标准对联合作战、装备运用的基础保障与支撑作用。

(4) 做好升级换代，实现动态发展。牢固树立科技是核心战斗力的思想，加强关键核心技术标准的自主创新和引领规范，逐步淘汰老旧标准，实现标准的新老交替和标准体系的"腾笼换鸟"。

(5) 坚持兼容开放，促进军民融合。将军用标准需求纳入国家标准化建设的大体系统一衡量，做好军民标准体系衔接，逐步扩大军民融合的标准范围、层级和类别，按照统一框架形成有机整体。

3.2 标准体系基本构成

我国按照授权牵头部门统筹负责，行业协会或专业组织主导本领域，充分利用企业主体地位和市场化机制，构建了重点突出、全社会积极参与的区域或产业标准体系，以此来获得良好的秩序和效益。

3.2.1 标准体系建设依据与框架

我国标准化领域已基本形成了由《中华人民共和国标准化法》为基本法，《中华人民共和国产品质量法》《中华人民共和国食品安全法》《中华人民共和国环境保护法》《中华人民共和国节约能源法》《中华人民共和国安全生产法》《中华人民共和国建筑法》《中华人民共和国消费者权益保护法》等专业法为配套的标准化法律体系，其中《中华人民共和国标准化法》规定了国家标准、行业标准、地方标准及企业标准制定的基本原则和性质及体制等内容。我国标准化相关的法律体系是开展标准化工作的基本法律保障，也是我国标准化法规体系的"根本"。

在环保领域、建设领域、卫生领域、气象领域等建立了以《中华人民共和国标准化法实施条例》《中华人民共和国认证认可条例》《中华人民共和国工业产品生产许可证条例》等行政法规及地方法规为补充的法规体系，构建了开展标准化工作的法规体系，是我国标准化法规体系的"主体"。

我国形成了较为完善的《国家标准管理办法》《行业标准管理办法》《采用国际标准管理办法》《农业标准化管理办法》《企业标准化管理办法》《能源标准化管理办法》《地方标准管理办法》《地理标志产品保护规定》《标准档案管理办法》《金银饰品标识管理规定》《标准出版发行管理办法》《化妆品标识管理规定》《食品标识管理规定》《工程建设国家标准管理办法》《工程建设行业标准管理办法》《粮食工程建设标准管理办法》《电力行业标准化管理办法》《食品安全国家标准管理办法》《国土资源标准化管理办法》《环境标准管理办法》《国家职业卫生标准管理办法》《劳动和社会保障标准化管理办法》《医疗器械标准管理办法》《地方环境质量标准和污染物排放标准备案管理办法》《工业与信息化部行业标准管理办法》《人力资源部标准化工作管理办法》等部门规章及地方规章体系，基本涵盖了政治、经济、文化、社会和生态文明等诸多领域，是我国标准化法规体系的"抓手"。

在深化改革的过程中，我国各地区、各领域针对具体工作还出台了很多政策、规划、战略、规范性文件或标准。如党的十八届三中全会、四中全会明确了公共服务标准和裁量标准等，《国家创新驱动发展纲要》《国家质量发展纲要》等政策大量引用标准，涵盖了发展改革、采购、人才培养、税收、气象、文化、人力资源等领域，这是标准化法规体系的"延伸"。

这些法律、法规、规章及政策为我国开展标准化工作和实施标准化战略提供了明确的法律政策定位和依据，为政府灵活运用标准化手段参与有效的社会管理提供了保障，为引导企业实施标准化科学管理提供了坚实的法律基础。在有些领域，标准是法律、法规的延伸和补充，标准在某种程度上发挥着无可替代的支撑作用，保障了国民经济、社会发展、科学技术及社会管理的全面发展，维护了社会的公平正义和消费者利益与环境安全和动植物安全，促进了服务质量、环境质量、建筑质量、产品质量和医疗卫生质量等的不断提高，保护了人民群众的健康、生命和财产安全，确保了国家利益不受侵害。

3.2.2 民用标准体系结构

在我国，国务院《关于深化标准化工作改革的方案》(国发〔2015〕13号)明确提出"建立政府主导制定的标准与市场自主制定的标准协同发展、协调配套的新型标准体系"等目标，明确了"政府主导的标准主要包括强制性国家标准、推荐性国家标准、推荐性行业标准和推荐性地方标准"。市场自主制定的标准分为团体标准和企业标准，团体标准是标准的新形式。政府主导制定的标准侧重于保基本，市场自主制定的标准则侧重于提高竞争力。国家鼓励具备相应能力的学会、协会、商会、联合会等社会组织和产业技术联盟协调相关市场主体，共同制定满足市场和创新需要的标准，供市场自愿选用，以增加标准的有效供给。在标准管理上，对团体标准不设行政许可，由社会组织和产业技术联盟自主制定发布，通过市场竞争优胜劣汰。

按照我国有关法律和政策，行业标准代号简表如表3-1所示。

表3-1 行业标准代号简表

代号	类别	代号	类别	代号	类别
BB	包装行业标准	CB	船舶行业标准	CH	测绘行业标准
CJ	城镇建设行业标准	CY	新闻出版行业标准	DA	档案行业标准
DL	电力行业标准	DZ	地质矿产行业标准	EJ	核工业行业标准
FZ	纺织行业标准	GA	公共安全行业标准	GH	供销合作行业标准
GJB	国家军用标准	GJZ	卫生部职业卫生标准	GY	广播电影电视行业标准
GZB	国家职业标准	HAF	核安全法规	HB	航空行业标准
HJ	环境保护行业标准	HJB	海军标准	HG	化工行业标准
HY	海洋行业标准	JB	机械行业标准	JC	建材行业标准
JG	建筑行业标准	JGJ	建筑工程行业	JJF	国家计量检定规范
JJG	国家计量检定规程	JR	金融行业标准	JT	交通行业标准
LB	旅游行业标准	LD	劳动和劳动安全行业标准	LS	粮食行业标准
LY	林业行业标准	MH	民用航空行业标准	MT	煤炭行业标准
MZ	民政行业标准	NY	农业行业标准	QB	轻工行业标准
QC	汽车行业标准	QJ	航天行业标准	QX	气象行业标准

代号	类 别	代号	类 别	代号	类 别
SB	商业行业标准	SC	水产行业标准	SH	石油化工行业标准
SJ	电子行业标准	SN	检验检疫行业标准	SY	石油天然气行业标准
TB	铁路运输行业标准	TD	土地管理行业标准	WB	物业管理行业标准
WH	文化行业标准	WJ	兵工民品行业标准	WM	外经贸行业标准
WS	卫生行业标准	XB	稀土行业标准	YB	黑色冶金工业标准
YBB	药品包装行业标准	YD	通信行业标准	YC	烟草行业标准
YS	有色冶金行业标准	YY	医药行业标准	YZ	邮政行业标准
YZB	医疗器械标准	—	—	—	—

　　标准化发展的过程是一个不断改革完善的过程。在标准体制改革方面，我国更加突出市场在标准化资源配置中的决定性作用，更加注重处理好政府和市场、政府和社会的关系，更加注重标准化改革的质量和效益。未来我国标准体制改革的目标是构建体现上述要求的"两种性质、三种类型"的新型标准体系，即强制性标准和自愿性标准两种性质，国家强制标准、政府推荐标准和社会组织标准三大类型。国家强制标准和政府推荐标准统称为政府标准，国家强制标准只有强制性国家标准一级，政府推荐标准包括推荐性国家标准和推荐性地方标准两级。政府推荐标准与社会组织标准构成自愿性标准体系。

3.2.3　国家军用标准建设依据与体系

　　军用标准化是军事装备现代化的重要标志之一。我国的军用标准化工作起步于 20 世纪 80 年代初。我国军用标准化事业从无到有，逐步发展壮大，为我军现代化建设作出了重要贡献。GJB 1—1980《机载悬挂物和悬挂装置接合部位的通用设计准则》标志着我国军用标准化工作开始正式启动。1998 年总装备部成立，中央军委赋予总装备部归口管理军用标准化工作的职责，对于保证装备质量，提高装备互连、互通、互操作水平，增强部队战斗力和保障力，确保"打赢"具有十分重要的意义。

国家军用标准体系由我军主导完成。军队于 1986 年、1995 年、2002 年、2011 年先后发布了 4 版国家军用标准体系。第 1 版体系聚焦国防科研、生产和后勤技术领域，以标准类型为主线，构建了标准体系总体架构；第 2 版体系按照装备工作分解，以系统、分系统和设备为主线设计了标准体系架构；第 3 版体系以装备全系统、全寿命建设为要求，增加了论证、使用等方面的标准。第 4 版体系使标准化对象范围向作战训练和政治工作领域拓展，并进一步加大了信息化标准建设的力度，强化了互连互通互操作标准建设。

1. 国家军用法规

1984 年 1 月，国务院、中央军委颁发了《军用标准化管理办法》。这是我国第一部军用标准化的行政法规。随后，各军兵种、总部有关部(局)根据国家和军队法律法规的精神，先后颁布了 10 余项法规、规章，规范了我国的军用标准化工作。总装备部成立后，根据新形势的要求，研究提出了军用标准化法规体系，以稳步推进军用标准化法规建设。通过《军用专业标准化技术委员会管理办法》《国家军用标准制定工作暂行管理办法》《军用标准文件编制工作导则》《装备全寿命标准化工作规定》等军队军事装备标准化工作法规制度和有关规定颁布实施，改善了"重编写、轻贯彻"的局面，对军队标准化发展起到了一定的推动作用，同时，也推进了我国军用标准化建设水平，为标准化建设走上科学化、规范化轨道提供了制度保证。

2. 国家军用标准体系

我国军用标准的制定工作坚持以系统工程思想为指导，以满足装备发展和军队建设需求为宗旨，共制定涉及飞机、电子、导弹、航天、车辆、后勤……和舰船装备等九大装备系统，以及与装备配套的元器件、零部件、材料和制品的国家军用标准近万项，包含军用标准、军用规范和指导性技术文件等。国家军用标准体系的初步建成，基本满足了军事装备建设需求。但这种结构划分方法虽然在顶层上易于归纳且简单明了，但在底层容易造成重复和混乱，有"烟囱"林立之感。

3.3 标准体系发展

标准体系的发展是受国家利益驱动和各国标准化理论、理念影响的。不同国家具有不同的标准化体系建设思路和模式。

3.3.1 国家标准化发展

标准是一项基础性制度，是经济社会活动的技术依据。2020 年以前，由国家标准委员会和国务院有关行政主管部门及省级政府标准化行政主管部门分别组织制定的国家标准、行业标准、地方标准有近 14 万项。其中：国家标准共 38 347 项，其中强制性标准 2131 项，推荐性标准 36 216

项；国家标准样品共 1785 项；共批准设立 70 类行业标准，备案行业标准共 65 998 项；备案地方标准共 42 881 项；共有 3042 家社会团体在平台注册，平台上共公布团体标准 12 195 项；平台注册企业共 268 894 家，其中 244 217 家企业通过平台自我声明公开 1 269 641 项标准，涵盖 2 175 732 种产品。这样就初步形成了覆盖我国第一、二、三产业和社会事业各领域的标准体系，在服务经济社会发展方面发挥了积极作用。特别是近年来，有效服务和引领了战略性新兴产业发展，对绿色低碳和节能环保、安全保障、服务百姓生活起到了有力的支撑。

随着我国经济社会的发展，标准体系也面临一些问题和挑战。

首先，从标准体系的结构来看，各地备案有效企业产品标准数仅有 34.5 万多项，现行标准以政府标准为主，社会组织标准缺乏，呈现标准体系的"一元结构"，导致社会和市场的作用没有有效发挥，制约了标准的有效供给。同时，由于现行政府标准发布主体多，批准层级多，标准呈现"碎片化"。例如，国家标准和行业标准的总体数量和属性分布差异不大，都在全国范围适用，界限难以区分，因而部分标准的交叉重复难以避免。

其次，从标准的属性来看，强制性国家标准中产品类的标准较多，一些基础类、方法类和管理类标准虽也做成了强制性标准，但这与强制性国家标准"维护健康、安全和环境保护"的制定目的还不完全相符，需要进一步调整和完善。

最后，目前的地方标准数量已有几万项，但各省区市发展情况差异较大。地方标准发展宜尽快解决两大挑战：一是如何将大量地方标准中的共性技术需求和指标进行提取和转化，以在更大范围和平台上供社会各界使用;二是更准确地界定地方政府在标准化活动中的定位,使地方政府在"政府推动、市场导向、企业主体、社会参与"的前提下制定标准,利用有限的政府资源满足地方对标准化活动的需要。

针对标准化建设中存在的问题,结合标准化发展的现实需求,我国2019年的标准化发展报告中提出了标准化体系改革的5点意见:

(1) 整合、精简强制性标准。

(2) 持续优化推荐性标准。

(3) 培育发展团体标准。

(4) 放开、搞活企业标准。

(5) 对地方标准化进行综合改革。

3.3.2 军用标准化发展

根据我军信息化发展使命,武器装备军用标准化工作应围绕军队建设需求,努力适应装备管理体制改革和建立社会主义市场经济体制的新形势,转变观念、明确目标、强化基础、重点突破。我国武器装备军用标准化工作呈现出以下发展趋势。

1. 以全系统、全寿命、全周期标准化为发展主线

军事装备建设以全系统、全寿命、全周期为主要发展方向,相应的军用标准也应以此为发展主线。标准化在装备全系统、全寿命、全周期管理中占有重要地位。在装备全系统管理、全寿命管理与全周期管理中,标准化有利于促进装备科学化、规范化管理,有利于提高武器系统的综合效能。在复杂武器系统中,只有改变过去分系统、分阶段管理模式,着眼于军事

装备全系统、全寿命、全周期的总体综合效能和费用效益，紧紧围绕军事装备全系统、全寿命标准化管理方向，运用系统工程的方法，对整个寿命周期及其寿命周期各个阶段、各层次进行标准化组织、协调和决策(其中包括：贯彻标准、法规和条例，运用标准化的原理和方法，提出各阶段、各层次的标准化要求和提出应贯彻的标准及实施监督要求，并且分析和评价标准化效果)，才能终达到在军事装备建设全部技术活动中建立最佳秩序，保证军事装备的作战能力，获得最佳军事和经济效益的目的。

2. 以信息化军事装备标准化为发展重点

在未来信息化战场，将以作战效能集中来代替兵力集中，从而形成优势歼敌。技术的进步实现了信息可实时共享 C4ISR(指挥、控制、通信、计算机、情报及监视与侦察的英文单词的缩写)指挥控制系统，能有效协调作战力量与火力平台。信息化军事装备对掌控战争中的信息权、夺取信息优势将变得越来越重要，是能否赢得战争胜利的关键因素。因此，信息标准化成为今后军用标准化的主战场。信息标准化的根本任务是统一协调信息的收集、处理、传送和交换，使信息在整个联合部队中成为一股永不停息的数据流、信息流，从而实现联合作战。建立统一的信息代码、数据格式、报文格式、数据传输协议、数据交换协议等信息标准化为重点，以实现各种武器系统互连、互通、互操作，以及通用化、系列化、组合化。

3. 以产品标准化与管理标准化并重为发展模式

在新的经济体制和装备管理体制下，军用标准化工作重点有两个方面：一是由军方提出装备的需求论证和检验验收方法；二是在军事装备建设的各个管理过程中，如采购管理、承制单位资格认证、招投标管理、合同管理、质量管理、研制各阶段评审、检验验收管理以及使用维护管理上制定并实施标准，通过开展标准化活动建立最佳秩序并获得最佳效益。这两个方面的工作决定了军用标准化正逐步从单纯注重产品、技术、结果的标准化，向注重过程、管理和程序的标准化方向发展，使技术管理标准和过程管理标准的数量和作用显著增强。采用先进的管理理念和模式，制定先进的管理标准，对武器装备标准化顺利实施具有重要支撑和保障作用。

4. 以建设动态开放的标准体系为发展方向

军事装备及其他军事领域中的技术与技术管理要求均是与国家当前的科技水平及工业基础紧密相关的。随着民用产品技术水平逐渐提高，国家大力发展高新技术和推进高科技产业化，许多军事上至关重要的高新技术，如信息技术、电子技术、先进材料、新能源和先进制造技术，与民用技术已并驾齐驱，甚至要由民用市场来推动，军用标准要紧跟民用高新技术迅猛发展的步伐，在基本满足军用要求的情况下，充分采用民用标准，加速军事装备的发展。我们应在研究军用标准特点及与民用标准关系的基础上，以系统工程理论为指导，通过采纳适用的民用标准以及合格产品目录等方式，建立满足军用要求的、以一定的结构形式组合而成的、随着产品和技术发展不断得到修订完善而始终处于最佳状态的动态开放军用标准体系，作为今后军用标准体系发展方向。

5. 以标准的超前性、适应性为发展要求

2006 年，原总装备部颁布了《装备全寿命标准化工作规定》，首次对装备预先研究工作提出了明确的标准化要求。一方面，装备预先研究应包括基础研究、应用研究和先期技术开发；另一方面，改变过去事后经验总

结式的标准制定模式。针对未来军事装备系统趋于合成化、复杂化，为了保证先进科技成果的及时利用，使制定的指标在较长的时间内保持一定的先进性，就必须依靠超前标准的控制作用。在当前的武器装备型号研制任务中，通过标准的预先研究，为实现军用标准的先进性提供了专业基础，既能使标准的技术指标满足实际工作的需要，又能使先进性指标要求在标准中得以充分体现。军事装备建设是新技术应用最为密集的领域，这就决定了军用标准化必须超前性发展，即根据科学的预测，对以后将成为最佳的标准化对象制定出高于目前实际达到的指标和要求。而超前性又决定了军用标准化发展的适应性，即要不断地保持对新技术发展和作战需求变化的高度敏感性，动态地调整军用标准体系和标准化工作重点，及时修订标准内容，随时保持军用标准的先进性和适应性。

6．军民标准通用化

当前，国家标准化工作是一种军民分立的管理体制。尽管军民融合发展是军用标准化工作的一贯方针政策，但这只是一种局部的融合。随着军民两用技术融合发展的深入，要想做好整体、深度融合，必须在现有分立管理体制下从国家层面加强顶层设计，强力推进。

(1) 要制定国家层面的标准化军民融合发展战略，明确发展目标、工作任务、工作重点、发展路径，有关标准化管理部门要在本部门的标准化规划、计划中予以贯彻落实，确保战略规划落地。

(2) 要开展标准化军民融合制度设计，尤其是要结合国家标准化法和军用标准化管理体制改革，同步推进。

(3) 要推进军民标准的多层次融合。包括：在武器装备建设中进一步采用适用的国家标准和行业标准，将其作为武器装备建设的技术依据；积极推动先进国家军用标准转化为国家标准；推动国防技术成果向民用领域转移，扩大国防科技的产业基础；联合制定军民通用的国家标准和行业标准，将标准化对象相同的已有军民标准进行整合修订，同时兼顾经济建设和国防建设需求，军民共建共享。

(4) 要转变装备研制生产对民用标准的自发采用状态，在加强民用标准采用试验验证和综合管理的基础上，规范民用标准采用。

(5) 要军民标准化资源共享。标准化资源主要包括标准资源、标准符合性检测资源和标准化专家资源，它们是支撑经济建设和国防建设的基础资源，也是标准化工作赖以顺利推进的基础，只有实现这些资源的充分共享，才能真正实现标准化军民融合，实现真正的军民融合发展。

第四章　标准管理程序

标准管理程序是指标准管理的设计、标准管理的基本流程、标准的规划计划、标准的制定与修订、标准的实施和标准的废止等全寿命周期过程。它是标准制定与实施的重要支撑。标准管理程序的有序是确保标准制定和实施合理、有序的基本保证。了解标准管理程序有利于相关从业人员更好地把握、理解、建立、实施和更新现有标准。

4.1　标准管理流程与核心环节

4.1.1　标准管理的流程

标准体系的重心在于实施。在实施标准体系的过程中，常用的工具和技术是促进工作简化的重要手段，相关部门应学会灵活运用，如调查表、分层图、头脑风暴法、因果图、树图、控制图、直方图、排列图(柏拉图)，以及推移图、网络图、甘特图、亲和图、矩阵图、过程决策程序图(PDPC)等。

在运行机制方面，"依靠政府，联合部门，内部先行，市场驱动，企业主体，监管产品"是一种运行模式。"依靠政府"通常是指标准化战略的有效推动必须借助政府之手(即政府从宏观上给予确定，从组织上给予保证，从政策上给予优先，从资金上给予扶持，起引导与监督的作用)培育规范化市场机制的过程。"联合部门"是指有行业主管部门的领域，谁主管，谁就应是标准化战略的主要组织者与推动者，标准化主管部门为统筹协调、监督及出台政策制度的部门；没有行业主管部门的产业领域，标准化主管部门应承担起相关的主管责任。"内部先行"是指某一行业或机构要求别人建立标准体系时，先制定自身的标准体系，在内部实施，做好表率。"市场驱动"是指通过培育市场化的中介机构、行业协会、专业机构，建立完善的标准化制度，实现同行业竞争机制，推动标准化工作向市场化迈进，从而形成良好的市场化运行机制。"企业主体"是指企业是实施标准、建立标准体系的主体，是政府通过市场手段推动企业实现标准化良好运作的重要抓手。"监管产品"是指政府通过标准的约束机制与引领功能，制定相关产品标准与服务标准等市场准入机制，确保环境质量、产品质量、安全生产、节能减排、清洁生产、建筑质量、服务质量等有效推进并实现目标。综上所述，这种标准体系运行机制是一个系统整体，运行得好市场机制成熟得就快；运行得不好，市场机制成熟得就慢，甚至出现倒退。

在区域或行业的发展过程中，任何一项政策或战略只有制定得科学合理、逐级分解细化得清晰明确，并认真贯彻实施，才能取得满意的效果。实施标准化战略也不例外。一项区域或产业标准化战略，主要是依据本区域及产业内外部环境，结合本区域或产业实际，从全局和长远出发制定的，一般包括目标、定位、原则、任务及保障措施等。制定区域或产业标准化战略发展规划或意见一类的文件或政策，既是实施标准化战略的发布令，也属于标准化战略的顶层设计，具有明显的宏观性、目标性.、指导性、系统性等特点。

实施区域或产业标准化战略的最终结果主要体现在标准制定、实施与改进，标准体系建立、维护及改进，合格评定的实施与开展三个重要方面，其他标准化活动均是围绕这三项活动而开展的。其最终目标是实现区域的最佳秩序，并提升区域及产业的综合竞争力及核心竞争力。

运用 PDCA 循环(戴明环)、朱兰三部曲及其他标准化方法，制定、实施及评估区域或产业标准化战略一般至少包括以下几个步骤：

(1) 精心组织，整体策划，重点突出。

(2) 周密部署，逐层展开，全面实施。

(3) 督促检查，动态管理。

(4) 全员参与，持续改进。

(5) 综合评估，立足长远。

4.1.2 标准管理的核心环节

标准管理的核心是控制，是指标准管理者对标准战略决策和规划实施过程的检查、监督和指导，以便及时发现并纠正偏差，确保标准战略决策和规划得以实现的行为过程。标准战略控制的对象众多，内容复杂，动态性强，时效性要求高，贯穿于标准战略管理的所有活动、所有环节和所有流程，是标准战略管理中最具活力、最复杂和最困难的环节。更为具体地讲，标准战略控制是标准战略管理者对标准战略决策和规划实施过程所进行的质量控制、进度控制和效益控制活动。加强标准战略控制，对于贯彻落实标准战略决策和规划，提高标准建设发展和运用质量、效益具有重要作用。

1．质量控制

标准战略决策和规划实施过程的质量控制重点是明确标准战略决策与规划的质量控制任务，设立质量标准，制定质量问题检查分析和处理的基本程序与方法。其中，设立质量标准是质量控制的核心。质量标准具体内容包括标准战略决策与规划设计、执行和评估质量。

标准战略决策和规划设计、标准战略评估质量标准可以用5个"度"来评价。其内容主要包括：标准战略决策和规划设计、标准战略评估要素的完整度；标准战略决策和规划设计内容、标准战略评估方法合理度；标准战略决策和规划设计内容、标准战略评估方法可行度；标准战略决策和规划设计与相关标准战略决策和规划衔接度；标准战略决策和规划设计方案论证的科学度。

标准战略决策和规划执行质量标准主要包括：标准战略决策和规划任务目标体系是否可行、完成时间节点的安排是否科学、资源配置是否合理、执行组织体系是否健全等。鉴于标准战略决策和规划执行质量标准指标在标准战略决策和规划执行过程中的特殊作用，标准战略决策和规划执行的控制要牢牢把握指标控制，做到指标系列化，远期、中期和近期指标相互配套衔接，指标精细化、大、中、小指标有数据做支撑。在此基础上，加强对重大项目的全程监督和控制。

标准战略决策与标准战略规划实施过程的质量控制本质上就是对标准战略决策和规划的设计、执行和评估三个主要环节所进行的质量控制。其中，设计环节的质量控制是重点，执行环节的质量控制是关键，评估环节的质量控制是保证。质量控制的方式是：牢牢把握标准战略决策和规划质量标准，定期或不定期进行抽查、检查，对抽查、检查结果进行综合及严格的科学分析，对发现存在的质量问题及主要影响因素提出针对性的调控、纠偏意见，并及时处置、整改，促使标准战略决策和规划各项指标符合标准要求。

2．进度控制

相比质量控制，标准战略决策和规划实施过程的进度控制是一项程序性、规范性更强的管理活动。标准战略决策和规划实施过程的进度控制的主要依据和遵循是标准战略决策和规划的进度计划。标准战略决策和规划实施过程的进度控制的首要工作是运用系统、科学、运筹的方法拟定详细的标准战略决策与规划执行的进度计划方案，而且进度计划方案要翔实、完整、精细，每个时间节点上都要设定科学、可评估、可控制的进度指标；同时建立科学的进度控制模型，将关键进度指标纳入控制模型之中，使进度控制的重心由传统的事后纠偏转变为事前控制。标准战略决策和规划执行进度控制的关键是控制"变化"，使标准战略决策和规划实施过程的任何"变化"都在进度控制的"阈值"之内，"让变化按计划去变化"。标准战略决策和规划进度控制的主要程序是：

(1) 拟制翔实、完整的标准战略规划执行和评估进度计划。根据标准战略规划执行、评估的目标任务，科学安排各阶段的工作内容、顺序及相互衔接，合理配置时间、经费、人力、物资等资源，形成实践上可操作、翔实具体的进度计划。

(2) 收集、了解标准战略决策和规划执行与评估进度的详细信息。由于多种因素的影响,标准战略决策和规划执行过程中有可能出现进度超前或延误的情况,这时需要通过检查、报告、会议等方式及时了解实际进度以及判断其与进度计划的一致或偏离程度。

(3) 比较标准战略决策和规划的计划进度和实际进度,依据计划进度和实际进度的"时间差"分析、查找导致实际进度与计划进度不一致的具体原因和影响因素,有针对性地采取调控措施对实际进度进行调控,化解矛盾,解决问题,使标准战略决策和规划实施的实际进度符合任务、目标要求,以取得最佳的控制效果。

3. 效益控制

与质量控制、进度控制相比较,效益控制是标准战略决策和规划实施过程控制的目标。标准战略决策和规划效益控制的关键是评估标准战略决策和规划的资源消耗与标准战略决策和规划的目标、任务实现度是否相匹配,消耗掉的资源与标准战略决策和规划预期的战斗力提升比是否相匹配。标准战略决策和规划效益控制的核心标准是效能标准。所有的标准战略决策和规划最根本和终极目标都是为提升国家实力服务。标准战略决策和规划的效益主要也是指经济效益,核心是国家实力提升值,同时,也是标准战略决策和规划效益控制的最高标准和最主要的控制指标。

标准战略决策和规划效益控制的重点和难点是标准战略决策和规划实力提升度的评估和消耗资源价值的评估。标准战略决策和规划战斗力提升度的评估关键是当前经济等能力、规划实现后经济等能力和需求能力的评估标准的制定与计算模型的建模。消耗资源价值评估的关键是如何将规划消耗的人、财、物、信息资源无量纲化为统一的价值标准的制定和实际消耗的价值计算与评估。

　　标准战略决策和规划效益控制是以实现标准战略决策和规划效益最优化为目标的管理活动。它的核心标准是投入产出比，实现的目标是把有限的资源管好、用好，力求以尽量少的资源占有和消耗，以合适的建设速度，获取更多、更佳的产出和建设成果。标准战略决策和规划效益控制是在标准战略决策和规划设计与执行的各阶段对资源投入进行全过程的、精细化的控制。在标准战略决策和规划设计阶段对标准战略决策和规划任务的必要性、可行性进行系统分析，对所需投入和预期产出进行科学论证、周密计算，精准地确定资源的投向、投量，从源头上保证投入与需求相一致。在标准战略决策和规划执行阶段，严格落实各项制度规定，充分运用各种手段，加强质量、进度、经费等方面的控制，防止出现重投入轻管理、不计成本或不计消耗等现象，在保证质量和进度的前提下努力降低成本，节约资源，确保实现效益最优化。

　　总之，对于标准战略决策和规划实施过程的控制，质量控制是关键，效益控制是目标，进度控制是手段，三者相辅相成、缺一不可。

4.2　标准战略规划

　　标准战略规划是极为重要的标准战略管理活动，是标准战略决策的具体化，是标准战略控制的依据。做好标准战略规划，必须科学分解标准建设战略目标，合理分配军队建设任务，优化配置军队建设资源，调整、完善标准战略规划机制，提高标准战略规划的科学性、实践性、法规性、指导性可操作性。标准战略规划一经确定，就成为统筹、指导标准建设发展和运用的纲领性文件。

4.2.1 标准战略规划的概念内涵

标准战略规划是指为达成一定的标准战略目的,对标准建设发展和军事力量运用进行的宏观设计和资源分配。标准战略规划的概念内涵主要表现在以下 4 个方面:

(1) 标准战略规划是标准战略决策的具体化。标准战略规划是理论和实践的桥梁,是把思想变成行动的中间环节。要把标准战略决策规定的战略目标、战略任务、战略方针、战略指导思想和原则落实到行动中,就必须制定相应的标准规划计划,将其细化为具体的、可操作的目标、方案、途径、步骤、措施等。

(2) 标准战略规划的核心是分配和调控标准战略资源。通过合理的标准战略规划计划,能够科学分配和调控资源,实现人力、物力、财力、信息等资源的优化配置,提高标准建设发展与运用效益。尤其是在信息化条件下,标准管理组织结构越来越复杂,影响标准质量的因素越来越多,标准覆盖领域繁多、过程复杂、内容多样,因而需要在战略层面上加强调控,避免重复、浪费,降低风险,节约资源,提高效益。

(3) 标准战略规划是一种全局性的中长期设计。标准战略规划主要面对的是今后较长时期标准建设发展与运用的重大问题,因而需要通过全局性、综合性、长期性的宏观设计,明确未来一定时期重大标准活动的总体思路与构想。

(4) 标准战略规划直接制约标准建设发展与运用。标准战略规划通常是由国家最高权力机关和职能部门制定的,具有统领指导的高度权威性,一经颁布就必须坚决执行。标准战略规划既指明了标准建设发展与运用的基本方向，也规定了标准建设发展与运用的重点、措施和时限等，从而直接制约着标准建设发展与运用。

4.2.2　标准战略规划的种类

标准战略规划的表现形式多种多样，可以从不同角度进行分类。按照标准战略规划制定主体，其可分为国家或军队最高权力机关制定的标准战略规划和相关授权机关做出的战略规划；按照标准战略规划层次，其可分为总战略规划和分战略规划；按照标准战略规划适用范围，其可分为国家标准建设发展规划、军队标准建设发展规划等；按照标准战略规划专业领域，其可分为专业领域总规划、重大专项规划和各部门规划；按照标准战略规划执行时限，其可分为长期战略规划和中期战略规划；等等。这些分类类型并不是相互割裂的，而是紧密联系的。从历史实践和未来需求看，应重点关注以下几种类型的标准战略规划。

(1) 标准建设发展总体规划。现代标准组织结构越来越复杂，标准约束对象的技术水平越来越高，影响标准制定的因素越来越多，资源配置过程充满了各种战略风险，所以，各国都十分重视标准建设发展总体规划的制定。标准建设发展总体规划主要是关于标准编制、实施、废止等方面的战略规划。经过多年实践，我国标准建设发展总体规划工作取得了长足进步。在信息化条件下，标准和标准管理组织复杂度更高，特别需要加强标准建设发展总体规划工作。

(2) 专业领域标准规划。专业领域标准化主要包括企业(组织)标准化、行业(产业)标准化、区域(地方)标准化。区域标准化战略与专业领域标准化战略(产业标准化战略)是协调统一的整体。行业主管部门与标准化主管部门是主导与协同配合的关系，有时以行业、产业为主，有时以全局系统为主，有时体现区域特色，有时互为补充。在标准化规划的推进过程中，我国应结合自身发展实际，本着整体布局、系统优化、重点突出、统筹兼顾、轻重缓急和实用有效的原则，制定合适方案，选择适当内容，分步骤、分层次，逐步推进，循序渐进。

(3) 标准战略资源分配与调控规划。标准战略资源是指国家所拥有的能够用于标准活动的人力、物力和财力等重要资源，是标准建设发展与军事力量运用的物质保障。为避免标准建设战略资源配置不合理而导致重复建设或分散建设以及资源浪费，确保标准各个领域、各战略方向协调发展，必须要强化标准战略规划工作。通过标准战略规划，科学制定标准战略资源分配与调控计划，优化标准战略资源配置的规模和结构，合理选择标准战略资源使用的方向与途径，最大限度地提高标准战略资源配置的综合效益，以确保有限的标准战略资源发挥出最大的效益。

(4) 跨部门、跨领域重大问题协调规划。标准建设发展与运用是一个复杂的巨大系统，涉及国家多个部门、多个领域，只有通过周密的计划协调，才能统一各部门、各领域的行动，促进各部门、各领域的高效合作，防止偏离方向，影响标准建设发展与运用。比如，当前我国信息化建设还存在条块分割、重复投资、兼容困难等问题，迫切需要从标准顶层突破，合理制定标准战略协调方案，尽快解决跨部门、跨领域重大问题，实现标准信息化建设功能配套，互相兼容，同步发展。

4.2.3 标准战略规划的内容

一般来说，在标准战略制定完成等战略决策作出之后，就要将其进一步细化为翔实的标准战略规划。标准战略规划包含两个层面的含义，既指战略规划过程，又指战略规划过程的结果产生的用于指导标准建设发展和运用行动的一个文本。无论是综合性规划还是专项规划，无论是中长期规划还是短期规划，标准战略规划的内容通常体现在具体的规划文本中。标准战略规划的内容主要包括标准战略形势分析、标准战略指导思想和原则、标准战略目标和思路、标准战略重点和措施，以及实施的关键步骤、具体措施等。

(1) 标准战略形势分析。在既定标准战略判断和标准战略决策基础上，在标准战略、标准发展战略的指导下，进一步具体明确标准战略规划限定的时间范围内规划所涉领域面临的国际战略形势、周边环境、安全环境、标准态势等。其中，要着重分析标准战略规划限定的时间范围内相关领域存在的主要矛盾、需要解决的突出问题、发展的机遇和主要障碍。

(2) 标准战略指导思想和原则。明确标准战略规划限定的时间范围内规划所涉领域战略指导思想和应当遵循的基本原则，通常包括标准战略指导理论、基本方针、最终目的，以及制定该标准规划的基础、依据与应当把握的一些基本要求。

(3) 标准战略目标和任务。按照与标准战略判断和标准战略决策相一致、相适应的要求，将制定完成的标准战略、标准发展战略进一步细化为在限定的时间范围内标准战略规划所涉领域标准建设发展或运用的总体目标、各阶段目标、主要任务等。

(4) 关键步骤。明确标准战略规划的基本阶段、主要环节和时间节点。标准战略规划内容丰富，涉及的时间往往周期较长，贯彻落实过程中不确定性因素较多，因此要科学划分阶段，明确每个阶段要完成的任务。

(5) 具体措施。给出为确保完成标准战略规划的任务，实现标准战略规划确定的目标所需的各项配套措施和拟采取的具体办法。

4.2.4 标准战略规划的程序

标准战略规划的制定程序包括筹划准备、调研论证、研究拟制、颁布实施等阶段。

(1) 筹划准备。筹划准备是制定标准战略规划的第一个阶段。这个阶段的主要工作是领会意图，明确任务。标准战略意图是国家和军队对标准战略全局的总体把握，与标准理论、环境、传统密切相关。因此，制定标准战略规划，要深刻领会标准战略、标准发展战略等标准战略决策的内涵和实质，理解标准战略意图和有关指示精神，把握标准战略规划的正确方向，明确制定规划的目的、基本目标、任务、核心内容，确定基本框架构想、人员组成、起止时间、进度安排和经费需求等问题，组织启动标准战略规划制定工作。

(2) 调研论证。调研论证阶段的工作主要包括调查研究和专题论证，主要是依据标准战略决策，围绕特定标准战略规划的任务，深入调查研究，充分收集资料，全面了解情况，提出措施办法。另外还要充分掌握情况，加强分析研究，确保资料和研究论证全面、准确、可靠。

(3) 研究拟制。研究拟制阶段是标准战略规划制定的中心环节，主要任务是根据标准战略、标准发展战略等标准战略决策，组织开展标准战略规划起草工作，形成标准战略规划文本草案。起草过程中，应当充分发扬民主，广泛吸取各方面意见建议。起草标准战略规划文本草案一般需要以下 4 个步骤：

① 确定标准战略规划的总体框架。根据标准战略规划主题的表达需要将标准战略规划的内容详细分解，形成主题突出、结构合理、层次分明、表意准确的详细撰写构架和纲目。

② 拟制文本草案。根据标准战略规划的基本任务和各战略规划主体的意图，形成达成规划目标的若干个备选方案，在此基础上进行综合论证，选定一个切实可行的方案作为规划的主案。

③ 分析评估草案。主要是通过定性、定量和综合分析，对选定的方案进行专业化咨询和评价，查找存在的问题和漏洞，增强规划方案的科学性，为标准战略决策者对标准战略规划方案的抉择提供科学依据。

④ 充实完善具体方案。在综合评估的基础上，对未来可能出现的不确定性、风险性、综合效益等因素进行权衡和优化，形成比较完善的规划草案。

(4) 颁布实施。标准战略规划方案形成后即可进入颁布实施阶段。要将形成的标准战略规划最终方案上交国家或军队最高权力机关或其授权机批准颁布，一般要按照规定权限、程序进行。比如，军队标准建设发展与运用总体规划及配套专项标准战略规划、重大建设标准战略规划报国家或军队最高权力机关批准颁发，各领域、各系统、各单位标准战略规划通常由国家或军队最高权力机关的授权机关批准颁发。标准战略规划方案一旦得到批准，则具有高度的强制性或约束性，任何机构或个人都不得擅自更改或取消，标准战略规划也由制定阶段转入实施阶段，各级、各部门、各领域都要按照标准战略规划明确的任务和职责区分推进各项任务的落实。

战略规划在实施过程中应及时反馈、调控、纠正偏差。国家或军队最高权力机关或其授权机关应及时掌握标准战略规划执行情况，加强工作指导和检查督导，强化标准战略控制和资源统筹，适时协调解决遇到的重大问题，并视情对标准战略规划执行情况进行评估。

4.2.5　标准战略规划的要求

标准战略规划的制定是一项预见性、创新性、实践性很强的工作，必须从客观实际出发，统筹全局，开拓进取，确保标准战略规划的科学有效。

1．把握标准战略全局

标准战略规划决定着标准建设发展与运用的资源配置方式与配置格局，涵盖标准建设发展与运用的各个方面、各个部分和各个阶段。因此，制定标准战略规划必须从标准战略高度统揽全局，准确把握标准建设发展与运用的总体发展趋势。在时间上，必须贯穿于筹划标准建设发展与运用的各个环节和全部过程；在空间上，必须具有全球眼光、国家大局意识，注重宏观谋划，防止事无巨细、面面俱到。

2．从客观实际出发

标准战略规划的制定必须一切从客观实际出发，坚持从实践中来，到实践中去，要防止陷入主观主义和形式主义、凭想当然办事、以主观愿望代替客观实际。标准战略规划的制定是一项艰苦的工作，必须深入实际，掌握大量的第一手资料。在制定标准战略规划的过程中，要善于从客观实际部分情况与全部事实总和的关联上获得与实际情况相符合的真知灼见；也要善于通过连续不间断的、反复的调查，透过现象和表层去发现和揭示对象系统的内在本质和规律。只有这样，才能确保标准战略规划的科学性和有效性。

3．积极开拓创新

标准战略规划是对未来的计划和设想，必须要有很强的预见性和创造性。标准战略规划制定过程中，最先进入制定者头脑中的通常是已有的经验、既定的方案、成功或失败的例证。但历史是不能简单重复的，不能完全依据过去的经验、结论来指导未来的实践。只有最大限度地发挥主观能动性，实现对原有经验和传统的超越，才能产生真正有价值的标准战略规划。要使标准战略规划能够适应不断变化的客观情况，就必须深谋远虑和大胆创新，从而确保在标准战略环境没有发生重大变化的情况下能够保持规划的连续性、稳定性。

4．加强统筹协调

标准战略规划是由总体规划和许多专业性单项规划构成的复杂规划计划体系，在许多具体标准战略规划之间存在各种各样的联系。比如，标准战略规划制定的各部门之间、标准战略规划的制定者之间、标准战略规划的内容之间以及标准战略规划所使用的资源之间等一般都存在很强的相关性。这就要求在标准战略规划的纵向和横向上搞好统筹协调。从纵向上讲，保持标准战略规划在时间上和逻辑上的前后关系，使相关的战略规划相互衔接，不发生冲突；从横向上讲，保持同一个时间段内、同一层次

的不同标准战略规划之间的相互协调，减少彼此之间的矛盾和冲突。

5．定性与定量相结合

标准战略规划的制定应广泛运用定性与定量相结合的方法，借鉴现代管理成果，创新标准战略规划理论，运用现代信息技术和系统科学方法，建立标准战略规划模型，开发标准战略规划系统和软件，提高标准战略规划的科学化水平，使标准战略规划所确立的目标任务更明确、具体和量化，使标准建设战略资源分配更合理、优化。具体而言，标准战略规划的制定主要应注意把握以下几方面：

(1) 从定性与定量的结合上谋划标准战略构想，以筹划、牵引标准战略规划的制定("需求牵引规划")。标准战略设想主要解决目标、对象、方式、时间问题。这是标准战略规划首先需要明确的核心问题。明确了这一问题后，标准战略规划制定者就能够对标准战略目标、战略任务、标准思想、标准能力和标准资源等重大事项进行顶层设计和自上而下、由远及近的总体安排。

(2) 从定性与定量的结合上设计标准战略规划的总体架构，以正确处理各领域、各部门、各系统标准战略规划内容之间的关系。总体架构是保证各层级、各领域、各级别人员高效地协作设计、处理复杂系统问题的一个比较有力的工具。总体架构方法正在成为国家进行标准战略规划的一种高效工具和支持手段。

(3) 从定性与定量的结合上开展标准战略模拟，以全面论证标准战略规划。

(4) 从定性与定量的结合上搞好标准战略评估，以增强标准战略规划的科学性。标准战略评估是制定标准战略规划的重要环节和有效工具，我国应加强标准战略评估队伍建设，健全经常化、制度化的标准战略评估机制，增强标准战略评估的效果。

4.3 标准的制定与修订

4.3.1 行业标准的制定与修订

为进一步做好行业标准化工作，规范行业标准的制定程序，根据《中华人民共和国标准化法》和《中华人民共和国标准化法实施条例》的有关规定，结合近年来开展行业标准化工作的实际，国家发展改革委组织制定了《国家发展改革委行业标准制定管理办法》(发改工业[2005]1357 号 2005/07/28)(以下简称《办法》)，以更好地指导行业标准化工作。该《办法》从行业标准制定过程的立项、起草、审查、报批、批准公布、出版、复审、修订、修改等做了统一的规定，力求使行业标准的制定工作规范、统一。

行业标准制定的过程主要包括立项、起草、审查、报批、批准、公布、出版、复审、修订和修改等 9 个环节。

1. 立项

制定行业标准的立项由国家发展改革委负责。任何政府机构、行业社团组织、企事业单位和个人均可提出制定行业标准立项申请，并填写《行业标准项目任务书)。

行业标准立项申请由标准化技术委员会或标准化技术归口院所(以下

统一简称标准技术归口单位)受理，经标准技术归口单位审查后报送直管行业标准化机构。直管行业标准化机构对标准技术归口单位报送的行业标准立项申请进行审核协调后报送国家发展改革委。

报送材料包括：

(1) 行业标准项目计划汇总表。

(2) 行业标准项目任务书。

(3) 计划编制说明(包括计划编制的基本情况、编制原则和重点等)。

国家发展改革委对直管行业标准化机构报送的制定行业标准的立项申请进行汇总，并在标准网上公示一个月，以广泛征求意见。征求意见结束后，国家发展改革委组织直管行业标准化机构进行协调，并编制行业标准项目计划。行业标准项目计划分为年度计划和补充计划，统一由国家发展改革委下达。

行业标准项目计划在执行过程中需要协调解决的问题属于行业内专业之间的，由有关直管行业标准化机构负责；属于行业之间的，由国家发展改革委负责。对国家发展改革委下达的行业标准项目计划根据实际情况需要调整的，直管行业标准化机构可以提出调整申请。调整项目计划需填写《行业标准项目计划调整申请表》。每年一月底以前由直管行业标准化机构将上年度计划执行情况和项目计划调整申请报送国家发展改革委。

2. 起草

行业标准由标准技术归口单位组织起草。行业标准起草单位应按申请人立项要求组织科研、生产、用户等方面人员成立工作组共同起草。行业标准编写应符合 GB/T 1《标准化工作导则》和相关行业标准编写要求。

起草行业标准草案时，应编写标准编制说明，其内容一般包括：

(1) 工作简要过程、任务来源、主要参加单位和工作组成员等。

(2) 行业标准编写原则和主要内容，修订标准时应列出与原标准的主要差异和理由。

(3) 采用国际标准和国外先进标准情况，与国际同类标准水平的对比情况。

(4) 主要试验验证情况和预期达到的效果。

(5) 与现行法律、法规、政策及相关标准的协调性。

(6) 贯彻标准的要求和措施建议。

(7) 废止现行行业标准的建议。

(8) 重要内容的解释和其他应予说明的事项。

行业标准起草完成后，标准技术归口单位应对标准草案广泛征求意见，并填写《行业标准征求意见汇总处理表》，形成行业标准送审稿。

3. 审查

行业标准送审稿由标准技术归口单位组织审查。审查形式分为会议审查和函审。标准化技术委员会审查行业标准时，必须有全体委员的四分之三以上同意方为通过。标准化技术归口单位审查行业标准时，应组织有代表性的生产、用户、科研、检验、大专院校等方面的专家进行审查，必须有全体代表的四分之三以上同意方为通过。

4. 报批

行业标准送审稿审查通过后，由起草单位整理成报批稿及有关附件，由标准技术归口单位报送直管行业标准化机构。直管行业标准化机构对报批稿及有关附件进行复核，符合要求的，填写《行业标准申报单》，报送国家发展改革委。报送文件包括：

(1) 报批行业标准项目汇总表。

(2) 行业标准申报单。

(3) 行业标准报批稿。

(4) 行业标准编制说明。

(5) 行业标准征求意见汇总处理表。

(6) 行业标准审查会议纪要或《行业标准送审稿函审结论表》及《行业标准送审稿函审单》。

(7) 采用国际标准或国外先进标准的原文和译文。

5．批准和公布

行业标准由直管行业标准化机构按规定进行编号，由国家发展改革委批准和公布。行业标准批准后，由直管行业标准化机构在 15 个工作日内到国家标准化管理委员会(产品方面标准)或建设部(工程建设标准)备案。国家发展改革委应将批准后的行业标准目录及时公布在网上，直管行业标准化机构和标准技术归口单位应认真做好标准的宣传、培训和解释工作。

6．出版

行业标准出版由直管行业标准化机构负责。行业标准出版单位必须是国家有关部门批准的正式出版机构。行业标准公布后，标准文本至少应在标准实施前 1 个月出版发行。行业标准出版后，出版机构或直管行业标准化机构应将两份标准样书送国家发展改革委备案。

7．复审

行业标准实施后，标准技术归口单位应根据科学技术发展和经济建设的需要定期进行复审，标准复审周期一般不超过 5 年。经复审需确认或废止的行业标准由直管行业标准化机构审核后报送国家发展改革委，经国家发展改革委审查同意后公布复审结果，需修订的行业标准列入标准制订计划。行业标准在相应的国家标准实施后，自行废止。行业标准复审报送文件包括：

(1) 行业标准复审工作总结。

(2) 行业标准复审结论汇总表。

(3) 行业标准复审意见表。

8．修订和修改

行业标准在执行中需要修订的，按照标准制定程序列入年度计划或补充计划。当行业标准的技术内容只需做少量修改时，以《行业标准修改通知单》的形式进行修改、审查、报批。

行业标准修改报批文件包括审查纪要和《行业标准修改通知单》。行业标准修改通知单由国家发展改革委批准公布。

4.3.2　军用标准的制定和修订

制定和修订军用标准应当充分考虑军事技术装备的发展和使用要求，密切结合我国的实际情况，做到技术先进、安全可靠和经济合理。军用标准包括国家军用标准和各部门、各单位为军事技术装备制定的专业标准和企业标准。专业标准和企业标准不得与国家军用标准相抵触；企业标准不得与专业标准相抵触。

国家军用标准是指对国防科学技术和军事技术装备发展有重大意义

而必须在国防科研、生产、使用范围内统一的标准。制定和修订国家军用标准应当采取国防科研、生产、使用相结合的形式，按照标准的不同对象和部门的业务分工，由主管部门与有关部门协商确定主办部门和参加单位。国家军用标准由主办部门提出草案，属于通用后勤技术装备(包括后勤专用车辆，下同)和军队医药卫生方面的，报总后勤部审批和发布，其余的报国防科学技术工业委员会(以下简称国防科工委)审批和发布，特别重大的，由国防科工委或总后勤部报国务院、中央军委审批后发布。

为军事技术装备制定的专业标准由主管部门审批和发布，并分别报国防科工委、军队主管部门备案。

军用标准应当根据国民经济和国防科学技术的发展及时进行修订。制订军用标准所需的经费和物资应当列入各部门、各单位的科研计划。

4.4　标准的实施

按照标准的分类及其实施的规律，并结合国防科技工业的具体情况，对通用基础标准、通用专业工程标准、通用规范、标准件、元器件、原材料及产品系列型号标准与计算及试验方法标准及工艺工装标准等分别阐述它们实施时可能采用的形式和程序，并对实施的特点和注意事项进行提示。

4.4.1　通用基础标准

通用基础标准是一个概念非常广泛、范围不太确定的标准类别，各个时期、各个行业对它所包括的标准种类的认识都不一致。本节从标准实施工作的内容和规律出发，将通用基础标准分成几类分别进行阐述。其中，技术制图、术语、符号标准比较类同，可以合并为一小类；机械接口、互换性标准和结构要素标准在实施程序与对工艺工装的要求方面有许多共同之处，亦可合并来阐述；工程管理标准、质量管理标准都有明显的管理内涵，也合并为一小类。

1．术语、符号、制图类标准

术语、符号、制图类标准有的独立制定，通用面比较广；有的附属于产品通用规范，适用范围相对较窄。

对术语、符号、制图类标准的实施简述如下：

(1) 实施形式。该类标准一般为直接实施，即在编制产品图样或各种文件时直接执行标准的规定。如在设计时直接按制图标准规定的画法绘制产品图样；在编制产品技术规范、合同文件或其他各种文件时直接采用标准规定的术语来表达技术思想或订货要求。

(2) 实施模式。该类标准大都在新产品研制过程中作为所有实施标准的一部分在适当的时候执行。这类标准的实施时间可以在产品研制的过程或服务的任何阶段，但使用最频繁的阶段则是产品研制的工程设计阶段。

有时为统一工程语言，不但要求新颁发图样和文件，而且要求已颁发图样和文件中都实施新标准。此时，对已颁发图样和文件一般只要求在适当时候(如图样改版时)实施新标准，以更改原有画法、符号或术语。

(3) 实施特点。该类标准是一种工程语言，采用和执行该类标准一般只涉及技术，不涉及管理，通常不必投入很多的人力、物力，也不会直接影响产品、服务的质量。但使用人员是否熟练掌握该类标准会影响到工作或生产效率。

(4) 实施注意事项。

① 不但要求图样和文件编制人员要全面掌握、准确执行标准的规定和要求，而且要求有关管理人员和技术工人都能在一定范围内理解和运用。

② 由于使用面广泛，应加强该类标准内容的宣传和培训，如编入高等工业学校、技工学校的教材，企业开展广泛的技术培训等。

2．机械接口、互换性、结构要素类标准

机械接口、互换性标准包括各类公差配合标准和机械连接标准。结构要素标准主要是指产品结构或零件各种几何要素的形状、尺寸及其公差标准。该类标准的实施将产生产品的设计要素，会影响产品的设计质量。

(1) 实施形式。一般为直接实施，即设计者在产品设计时直接执行标准规定，将相应的结构、要求或公差配合符号等标注在图样等文件中。但它们又有别于术语、符号、制图等标准的实施，按该类标准进行标注或设计后，通常要牵动大量后续的工艺工装准备工作。

(2) 实施模式。该类标准大都在新产品研制过程中作为所有实施标准的一部分直接执行。这类标准在方案论证时提出实施要求，大部分具体实施工作主要在工程研制阶段进行。此时不但要在设计图样中按标准设计或标注，而且要求工艺规程编制、工艺装备设计、外购工具采购等项工作应相互配合，共同完成实施任务。

这类标准有时为了达到某种目标而按实施模式Ⅱ组织实施。20 世纪70 年代，我国制定了一系列符合国际标准的公差配合、形位公差、表面粗糙度等国家标准，要求在所有新老产品中全面推行贯彻，采用的就是实施模式Ⅱ。

(3) 实施特点。实施该类标准不但是产品设计任务，也是工装设计、制造任务，需要准备一系列工艺装备来支持，主要应用于刀具、量具、夹具等方面。实施该类标准投入工艺装备设计、制造、采购的经费多，周期长。

(4) 实施注意事项。

① 应结合企业产品特点推行通用的规格尺寸和公差配合种类及等级，压缩结构尺寸和配合的品种规格，以减少工艺装备数量，降低设计、制造的费用，缩短研制生产周期。

② 涉及武器装备外场使用互换、产品连接的标准实施要求应在研制时尽早提出，重大的要列入研制总要求或研制合同，以便在详细设计时进一步落实，避免返工。

3. 信息技术标准

(1) 范围和种类。信息技术的发展日新月异，它的应用已经扩展到各个领域，相应的标准也存在于各个标准化领域当中。一般认为，国防领域内信息技术标准包括武器装备制造业信息(数字)化标准、武器装备信息(数字)化标准和军事作战指挥系统信息(数字)化标准(也称"互连、互通、互操作"标准)。

武器装备制造业信息(数字)化标准现在称为国防科技工业信息技术应用标准，是指在数字环境下武器装备科研生产中所涉及的信息技术标准，其目标是规范武器装备科研生产中诸如产品数据管理以及企业资源计划等信息系统的建设和使用当中的标准化问题。

这类标准大致可分为以下几小类：

① 基础标准。包括术语符号标准、应用语言标准、数据表达标准等，

在信息技术应用过程中涉及多方面的通用基础标准。

② 信息分类与编码标准。包括各种信息分类与编码标准、数据元标准等。

③ 数字化设计标准。包括在产品数字化设计过程中及建设和使用数字化设计平台时所需要的各种信息技术应用标准。

④ 数字化制造标准。包括在产品数字化制造过程中及建设和使用数字化制造环境时所需要的各种信息技术应用标准。

⑤ 数字化仿真与试验标准。包括专业技术仿真与试验标准、系统仿真与试验标准、仿真与试验评价标准等。

⑥ 数字化综合管理标准。包括数字化质量管理标准、数字化项目管理标准、客户关系管理标准、产品使用与保障标准等。

⑦ 系统集成标准。包括在系统集成过程中所涉及的集成框架与参考模型标准、应用系统集成接口标准、数据交换标准等。

⑧ 支撑环境标准。包括通用计算机硬件及网络标准和软件工程标准。

⑨ 信息安全标准。包括信息加解密、信息存取安全、网络安全、信息存储安全等方面的标准。

信息技术标准应用覆盖面广，内容复杂且差异较大，实施的形式和模式也多种多样。

(2) 实施形式。此类标准的实施包括直接实施和间接实施两种形式。信息技术标准中的基础标准、信息分类与编码标准、信息安全标准、支撑环境标准等的实施形式多为直接实施，即在有关事项或活动中直接执行标准；其他标准的实施形式多为间接实施，即通过中介文件对标准进行引用并具体规定标准实施的详细要求。

(3) 实施模式。此类标准的实施模式根据标准内容和层次的不同而不同。其中多数标准是为信息系统建设或新产品研制服务的，其实施主要是按模式Ⅰ进行，在系统建设和产品研制过程中具体执行；而有一部分标准则是在企业信息化建设中或系统建成后为达到某种目的而采用模式Ⅱ组织实施的。

(4) 实施特点。

① 由于此类标准涉及技术、管理等各个方面，组织实施的难度大，人、财、物的投入也相当大，标准实施的成功与否对各方面的影响也很大。

② 部分标准的实施涉及面广，协调工作量很大，需要精心组织才能得到贯彻。

(5) 实施注意事项。

① 此类标准中的很多标准是通常条件下的同类标准在数字环境下的延伸，实施中应注意参考通常条件下同类标准的实施经验并结合数字化环境的具体情况。

② 企业信息化建设是一个复杂的系统工程，建设周期比较长，从传统环境和工作习惯转到数字化环境和新的工作习惯需要有一个过程，所以应加强此类标准及其实施的宣传和培训。

4. 管理标准

(1) 范围和种类。

管理标准包括工程管理标准、质量管理标准和环境保护管理标准。这类标准针对国防科技工业相关管理活动中有关的组织结构、职责权限、程序文件及资源分配等方面需要协调统一的事项做出规定。比起技术标准，它具有更多的管理内涵，往往要求统一执行。

工程管理标准实际上已超出了"工程管理"的范畴，扩大到了计划管理、费用管理、合同管理等。因此从需要和现实出发，我国拟将其扩大为"项目管理标准"，这样，概念更广泛和合理，也更便于标准的管理。

质量管理标准主要包括 GJB/Z 9000A (ISO 9000)系列标准(含基础和术语标准、质量管理体系标准)及过程控制、质量管理工作指南、质量监督等支持性标准。

环境保护管理标准 GB/T 24000 (ISO 14000)是一个规范全国工业、商业、政府等所有组织为改善人类生存环境进行管理活动的统一标准，包括环境管理体系(EMS)、环境审核(EA)、环境标志(EL)、环境行为评价(EPE)、生命周期评估(LCA)、环境管理(EM)、产品标准中的环境因素(EAPS)等 7 个部分。

(2) 实施形式和模式。

① 该类标准可能会有直接实施和间接实施两种形式。有的标准(主要是较高层次的牵头标准)可以被各类指令性文件和合同等中介文件所引用，作为对企业或新产品研制管理的基本要求，有的标准(主要是较低层次的指导具体操作的标准)可以按其内容要求直接执行或将有关内容写入设计、工艺资料后再具体执行。

② 该类标准中，有的标准主要是针对产品并为新产品开发服务的，如各种项目管理标准，主要随产品研制进展指导相应阶段的工作，宜采用实施模式Ⅰ组织实施；有的标准，如环境保护管理系列标准和质量管理体

系标准，它们主要是针对企业而不是针对产品，涉及全企业相应组织体系和规章制度建设，宜采用实施模式Ⅱ组织实施。

(3) 实施特点。

① 该类标准是在具体要求、职责、组织、方法、程序、文件格式等方面对相关规章的细化，它的实施往往是对执法的支持和延伸，通常要求各方面统一执行。

② 标准实施可能会涉及管理层面和传统习惯的改变，可能比组织实施技术性标准更加复杂。

(4) 实施注意事项。

① 由于管理标准规范管理层面工作，涉及管理体制、工作流程和各部门职责等诸多方面，实施时的组织协调工作更加复杂，所以该类标准的实施宜引用上层法规或行政文件作为依据和支持。

② 由于我国现有管理标准大多数是参考西方发达国家的经验制定的，因此在由过去计划经济体制下的管理模式过渡到现在市场经济体制下的管理模式的背景下，组织实施时要注意结合我国国情，适应当今环境，提升管理水平，使标准的实施既能改变过去已形成的习惯，又能被人们所认识和接受。

4.4.2　通用专业工程标准

1．范围、种类和内容

本节所述的通用专业工程标准主要包括：

(1) 可靠性工程标准。

(2) 维修性工程标准。

(3) 综合保障工程标准。

(4) 安全性工程标准。

(5) 电磁兼容性工程标准。

(6) 环境工程标准。

(7) 包装运输标准。

这些标准对提高武器装备效能有重要作用,在实施时有大致类似的程序和要求,它们几乎都有一项顶层标准,并按管理、设计、试验等几个方面制定相应支持标准,从而形成一个专业标准体系。其中可靠性工程标准体系比较典型,如图 4-1 所示。

2. 实施的形式和模式

(1) 实施形式。这类标准中层次较高的牵头标准主要是间接实施,即在立项论证、方案论证直至工程研制各阶段的图样资料中引用,并在随后各阶段的具体环节中执行规定的要求。这类标准中作为指导具体设计用的标准主要是直接实施,如:按 GJB 451—1990《可靠性维修性术语》采用相应的术语;按 GJB 1909—1994《装备可靠性维修性参数选择和指标确定要求》选择相应参数和指标;按手册、设计准则类标准选择可靠性设计要素并直接写入有关文件等。

(2) 实施模式。这类标准的实施一般从使用方提出战术技术指标要求开始,经招投标、研制任务书(研制总要求)或合同传承,由承制方进行设计、制造、鉴定试验直到设计定型,不同阶段选用相应标准,从总体上说,贯穿于产品或服务研制全过程。该类标准一般采用实施模式Ⅰ,以产品为中心和对象逐步展开和深入实施标准。

GJB 450A—2004
装备可靠性工作通用要求

GJB 451—1990
可靠性维修性术语

GJB 1909—1994 装备可靠性维修性参数选择和指标确定要求(10 个分标准)

可靠性管理标准	可靠性设计分析标准	可靠性试验与评价标准
GJB 841—1990 故障报告、分析和纠正措施系统	GJB 813—1990 可靠性模型的建立与可靠性预计	GJB 1032—1990 电子产品环境应力筛选方法
GJB 3404—1998 电子元器件选用管理要求	GJB/Z 299B—1998 电子可靠性统计手册	GJB/Z 34—1993 电子产品定量环境应力筛选指南
GJB/Z 72—1995 可靠性维修评审指南	GJB/Z 108—1998 电子设备非工作状态可靠性预计手册	GJB 1407—1992 可靠性增长试验
GJB/Z 77—1995 可靠性增长管理手册	GJB ××× 非电零部件可靠性数据手册	GJB/Z ××× 可靠性验证方法应用导则
GJB ××× 对转承制方和供应方可靠性维修性的监督与控制	GJB/Z 768A—1998 故障树分析指南	GJB 899—1990 可靠性鉴定与验收试验
GJB ××× 软件可靠性维修性管理要求	GJB 1391—1992 故障模式、影响及危害性分析程序	GJB ××× 成败型产品可靠性鉴定与验收试验
GJB/Z 23—1991 可靠性维修性工程报告编写一般要求	GJB/Z 27—1992 电子产品可靠性热设计手册	GJB ××× 可靠性试验故障分类
	GJB/Z ××× 电子系统和设备可靠性工程手册	GJB ××× 寿命试验抽样程序和表
	GJB/Z ××× 机械产品可靠性设计手册	GJB ××× 复杂系统可靠性评估方法
	GJB/Z ××× 非工作状态可靠性设计准则	GJB ××× 软件可靠性测试与评价方法
	GJB/Z 102—1997 软件可靠性安全设计准则	
	GJB/Z 35—1993 元器件降额准则	
	GJB/Z 89—1997 电路容差分析指南	
	GJB/Z ××× 潜在通路分析指南	
	GJB/Z ××× 可靠性分配指南	

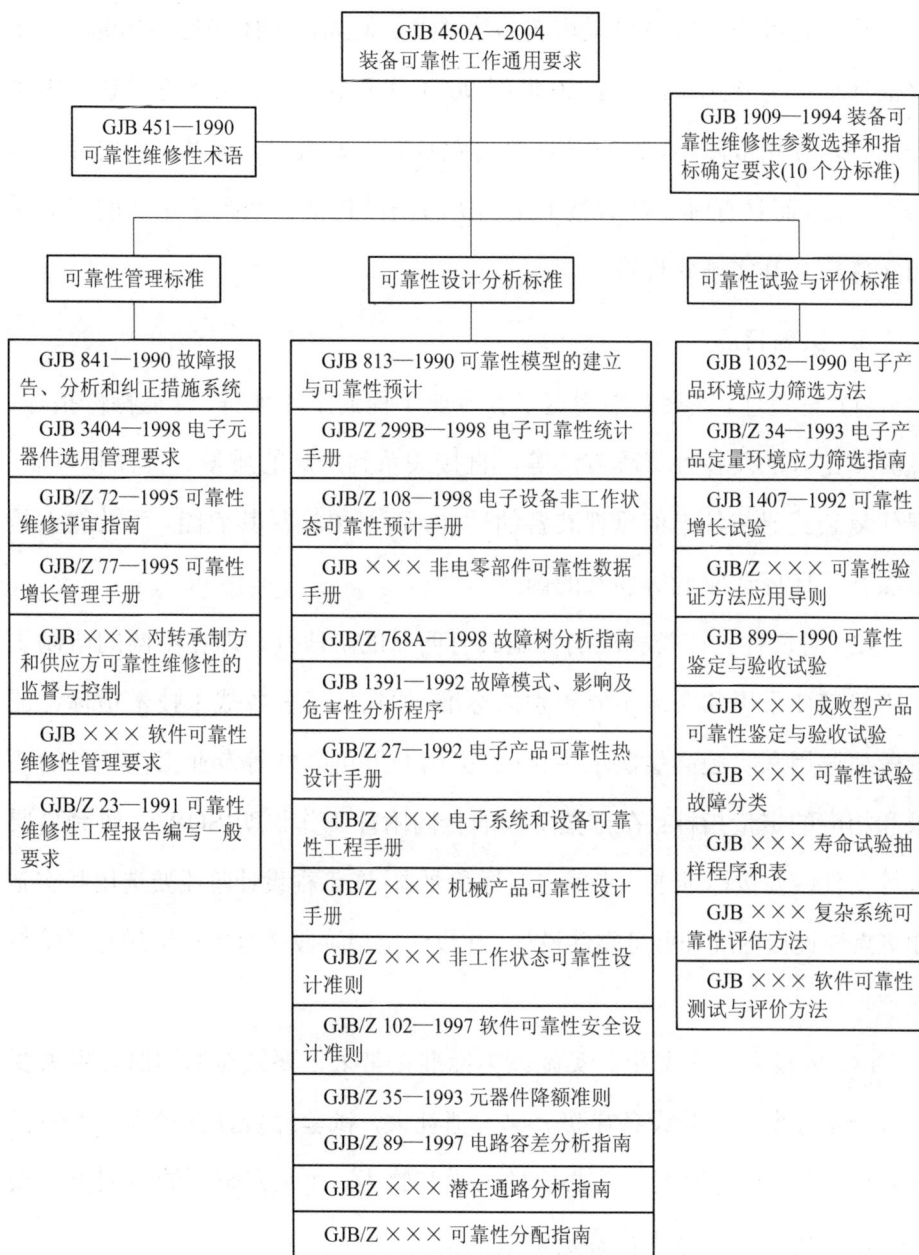

图 4-1　可靠性标准体系表

这类标准中有时也可采用实施模式Ⅱ。例如，GJB 1032—1990《电子产品环境应力筛选方法》是20世纪90年代初颁发的，由于它对解决电子产品外场使用故障多、MTBF低等问题具有良好效果，所以不仅要针对新研制产品，而且有时要针对整个企业所有产品包括已经批量生产的产品采用实施模式Ⅱ实施此标准。

3. 实施特点

(1) 重要性。该类标准规定了各专业工程的工作项目、性能特性指标、试验鉴定方法及各种工程方法等，直接关系到产品的质量、特性和效能。现代复杂武器装备不但重视装备的性能，而且更注重其效能。而效能正是可靠性、环境适应性等要素的函数。

(2) 阶段性。该类标准的实施具有明显的阶段性，即在不同的研制生产阶段需要采用和实施不同类别的标准。如在武器装备战术技术指标论证阶段要选用和实施高层次牵头标准，提出开展可靠性等专业工作项目的要求和相应的定量指标；在方案阶段的合同附件工作说明(SOW)、研制总要求等文件中要按标准进一步确定指标和要求；在工程设计阶段要选用和实施如可靠性设计标准开展可靠性设计；在设计定型阶段按有关标准进行试验与鉴定。

(3) 要投入一定费用。实施该类标准在带来重要效益的同时，也需要投入一定经费。试验设备昂贵、电力消耗大，试验经费开支较大。不但在研制设计前、设计时要投入必要的人力和物力，而且在研制的后期更要投入一定的物力、财力进行鉴定定型试验。

(4) 有一定的风险。该类标准大都是近几十年研究制定出来的，相应的试验大都属于室内模拟试验。以前生产的产品可能没有做过相应试验，现在实施该类标准，如果相应的试验鉴定条件和程序设计的不合理，就会带来风险。标准制定高了，增加承制方风险，容易造成能用的产品被拒收或提高产品成本；标准制定低了，则增加使用方风险，增加外场使用故障出现的概率。

4．实施注意事项

(1) 要做好对标准的剪裁。该类标准实施要求的准确性关系到产品质量和经费开支，为此，一方面要充分了解标准内容和相关的技术状况，另一方面，还要紧密结合特定产品的实际使用需要，对要求、经费、周期等进行综合权衡，做好对标准的剪裁。对于那些已纳入标准而我国短期内难以达到的要求则必须谨慎行事。

(2) 要注意实施的适时性。该类标准中的各项标准都有相应的最适宜的选用和实施时机，在它们的顶层牵头标准中往往以矩阵表形式列出了不同研制阶段推荐选用的标准和实施的具体项目。在研制的各阶段，设计人员应该结合产品研制要求和条件参照矩阵表选择标准。

(3) 要从实际出发妥善解决试验条件问题。实施该类标准往往需要相应试验设备，而且这些设备大都比较昂贵。如何解决试验设备问题应该从需要和能力出发。如果试验设备使用频繁，就要考虑添置；如果只在产品鉴定定型试验时使用，则可通过协作等办法解决。总之，既要考虑实施标准的需要，又要考虑企业的能力。

4.4.3 计算与试验方法标准

1．范围、种类和内容

计算与试验方法标准主要包括设计计算方法标准和产品试验方法标

准。设计计算方法标准是对产品或其相关要素进行设计和计算所用的公式、程序等的标准，从复杂武器系统的性能参数到一个零件的结构尺寸参数，覆盖范围很广。我国军用产品试验方法标准覆盖的对象很广泛。有的标准甚至规定了整个武器装备性能试验方法，例如舰船系泊航行试验规程、装甲车辆野外试验方法、飞机飞行品质试验规范等；有的则仅规定零件或产品某一项性能指标的试验测试方法，如火药、炸药的各种指标测试方法标准。

产品试验方法标准可以作为产品规范的一部分，也可作为单独的标准。本节主要对后一种情况进行介绍。

2. 实施的形式、模式和程序

(1) 实施形式。

设计计算方法标准主要是直接实施，即直接按标准规定的公式、表格、曲线和提供的程序进行各种设计与计算，将结果写入设计资料或合同中，一般不引用标准编号。

产品试验方法标准主要是间接实施，即将标准编号和要求写入合同、产品技术规范或设计图样等中介文件，尔后再写入工艺文件、试验大纲等文件再进行准备和实施。

(2) 实施模式和程序。

设计计算方法标准视其内容可在新产品研制的战术技术指标论证、方案或工程研制阶段采用和实施。

产品试验方法标准大部分结合产品研制试验要求，通过中介文件提出实施要求，随后组织实施。一般来说，武器装备系统级产品的试验方法在立项论证阶段就要提出实施要求，而设备或更低层次产品的试验方法则在方案阶段或工程研制阶段才提出实施要求，并在规定时间内组织实施。

3. 实施特点

计算与试验方法标准实施的特点为：

(1) 设计计算方法标准主要由论证、设计、计算人员采用，有时可能涉及验证人员。采用和实施设计计算方法标准有时可能要用到计算设备。总的来说，涉及范围不广。

(2) 产品试验方法标准的实施一般要动用较多人力、物力进行准备，既有技术准备，如试验程序的设计、试验大纲编制等，又有试验设备等物质准备，包括设备精度标定、设备添置或改装、样品的制备等。总的来说，消耗资源多，影响面广。

4. 实施注意事项

计算与试验方法标准实施注意事项如下：

(1) 要认真做好产品试验方法标准实施前的准备工作。例如：实施环境试验方法标准时要准确确定试验条件或试验剖面，设计试验程序，正确安装试验样品等。

(2) 要注意搜集和积累相关信息和数据，以便吸收同类产品的经验，同时要结合产品特点修正或完善计算方法或试验要求。

4.5 标准的废止

4.5.1 标准的废止标准

废止标准不同于代替标准。一般地说，下列情况应将标准宣布废止：

(1) 标准有错误，继续应用会导致产生废品或质量事故。

(2) 实施该标准将造成严重环境污染，存在安全隐患。

(3) 标准内容与现有法律、法规相抵触。

(4) 标准没有应用价值，并确认今后也不会被采用。

因此，废止标准应通知收回销毁，不得在设计部门和生产线上流通，但应存档备查。

4.5.2 标准废止

根据《中华人民共和国标准法》第二章第六条规定，对需要在全国范围内统一的技术要求应当制定国家标准。国家标准由国务院标准化行政主管部门制定。对没有国家标准而又需要在全国某个行业范围内统一的技术要求，可以制定行业标准。行业标准由国务院有关行政主管部门制定，并报国务院标准化行政部门备案，在公布国家标准之后，该项行业标准即行废止。对没有国家标准和行业标准而又需要在省、自治区、直辖市范围内统一的工业产品安全、卫生要求，可以制定地方标准。地方标准由省、自治区、直辖市标准化行政主管部门制定，并报国务院标准化行政主管部门和国务院有关行政主管部门备案，在公布国家标准或者行业标准后，该项地方标准即行废止。

同时，第十三条规定，标准实施后，制定标准的部门应当根据科学技术的发展和经济建设的需要适时进行复审，以确认现行标准继续有效或者予以修订、废止。

4.6　与标准有关的其他活动

4.6.1　标准化工作计划

标准化工作计划包括标准化工作计划和所需缺项标准的制定(修订)计划。

标准化工作计划是由标准化工作系统按照产品研制的总体要求,根据各阶段的任务而提出标准化工作的目标、任务和时间节点要求。显而易见,标准化工作计划是与研制工作密不可分的,它是研制工作计划的一部分。标准化工作计划由标准化工作系统提出,经过设计师系统审核并经行政指挥系统批准,纳入产品研制的总计划中,然后下达到产品研制的各有关单位执行。对计划的考核也是产品工程的考核内容之一。

产品所需标准的制定(修订)计划应按不同渠道纳入各级标准化主管机构的标准制定(修订)计划,按相应管理办法执行。

4.6.2　产品标准化工作的经费

经费是开展标准化工作的重要保障条件。产品标准化工作的经费主要有以下几种:

(1) 标准化活动费。泛指为保证产品标准化工作的开展,特别是产品标准化工作系统开展活动、组织会议和评审、进行管理等需要的经费。这部分经费应由标准化工作系统根据实际工作需要做出预算,专项列入产品研制费用中。

(2) 贯彻实施标准的经费。产品工程研制阶段贯彻实施标准及标准化要求所需要的经费应在产品科研试制费中开支；为了贯彻实施标准需要添置设备、仪器等固定资产时，应按计划管理渠道，在基本建设或技术改造费中开支。

(3) 制定(修订)标准的经费。制定(修订)标准所需经费，属国家军用标准和行业标准的纳入国家主管部门技术基础科研费；属企业标准的纳入企业科研试制费或产品成本；对于联合企业产品标准，应由有关各单位共同出资编制，所需经费纳入各单位科研试制费或产品成本。

由于制定(修订)标准项目通常比较多，费用比较大，而可以支持的经费往往有限，因此，许多产品需要的标准制定(修订)经费采用了"多家抬"的方针，即技术基础科研费出一些，采用标准的企业出一些，产品研制费再出一些，这样就可快速筹措到足够的资金解决制定(修订)标准的经费问题。

4.6.3　实施标准的技术条件和物质条件

贯彻实施标准要紧密结合产品研制各阶段的基本任务，要做好标准实施工作，必须做好实施前的各项准备工作，包括技术准备和物质准备。

技术准备是标准实施的关键，应做好以下工作：

(1) 提供标准文本、标准简介及宣讲材料。

(2) 提出贯彻实施标准的原则，有新旧两个版本的标准还应给出新旧标准对照表和新旧标准过渡办法。

(3) 组织实施试点、技术攻关或试验等，以取得经验，并及时推广。

(4) 必要时，组织重要标准的宣讲和讨论，编写实施说明或指导性资料。

标准实施要落实到产品工程研制中去,就需要有一定的物质基础做保证。例如,机床设备、刀具、量具、试验设备和检测仪器等,这些物质条件的准备大部分是和产品研制的物质准备结合在一起的,并应充分利用现有设备、国家及社会资源。在为产品研制进行技术改造、条件建设时,应充分考虑贯彻实施有关标准,为后续产品实施标准提供共享资源。

4.6.4　产品标准化工作人员配备及素质要求

1. 全员标准化

因为标准的内容涉及产品工程技术和管理的各个方面,所以产品标准化工作不仅仅是几个专职标准化人员的职责,而是需要产品研制的所有人员来完成,可以说产品标准化就是全员标准化,需要全体人员参与。这就要求所有参加产品研制的人员不断提高标准化意识,加强贯彻实施标准的自觉性,提高采用和实施标准的技能。

2. 监督体系

应当加强产品研制各阶段对标准实施的监督,把对标准实施监督纳入承制单位产品质量管理体系。在产品总设计师系统组织的各种技术评审中要对标准实施情况进行检查和监督。

研制单位应按订购方对标准实施的监督意见,认真改进标准的贯彻实施。

上级有关部门应对标准实施工作进行检查、监督,并组织协调、解决有关问题。

3. 人员素质

产品标准化工作既是一项涉及面很宽的技术工作，又是一项具有较高政策要求和组织协调内容的管理工作，因而对标准化人员的要求也较高，各单位应选派那些既熟悉标准化业务又熟悉产品研制的人员参加产品标准化工作。这些标准化人员应具备与开展产品标准化工作相适应的专业知识、标准化知识、工作技能和经验。他们应具备下列条件：

(1) 熟悉并能执行国家有关标准化的方针、政策、法律和法规。

(2) 掌握开展产品标准化工作所需要的标准化专业知识及管理知识。

(3) 掌握本单位产品的专业知识，熟悉本单位的生产、技术、经营、管理现状。

(4) 具备一定的组织协调能力、计算机与信息技术应用能力及文字表达能力。

第五章　基于标准的质量管理

5.1　基于标准的质量管理

质量管理从概念的提出到逐渐成熟,经历了从经验到标准规范的发展过程,并逐渐在世界范围内得到推广应用。质量管理从管理领域延伸发展成为标准,并作为标准体系的一个重要组成部分,在产品、服务领域具有重要的意义。

5.1.1　质量管理相关概念

1. 质量

1) 质量概念

(1) ISO 8402 关于"质量术语"的定义。质量是反映实体满足明确或隐含需要能力的特性总和。

① 在合同环境中,需要是规定的,而在其他环境中,隐含需要则应加以识别和确定。

② 在许多情况下,需要会随时间而改变,这就要求定期修改规范。

(2) ISO 9000-2000 关于"质量"的定义。国际标准化组织(ISO)2005年颁布的 ISO 9000-2005《质量管理体系基础和术语》中对质量的定义是:

一组固有特性满足要求的程度。

比较以上两个关于质量的定义，ISO8402 的术语更能直接地表述质量的属性，由于它对质量的载体不做界定，因此可以说明质量是可以存在于不同领域或任何事物中的。

(3) 美国质量专家关于质量的定义。美国质量管理专家克劳斯比从生产者的角度出发，曾把质量概括为"产品符合规定要求的程度"；美国的质量管理大师德鲁克认为"质量就是满足需要"；全面质量控制的创始人菲根堡姆认为产品或服务质量是指营销、设计、制造、维修中各种特性的综合体。

2) 质量的内涵

从质量定义可以看出，质量是一种客观事物具有某种能力的属性。由于客观事物只有具备了某种能力才可能满足人们的需要。这里的需要由两个层次构成。第一层次是产品或服务必须满足规定或潜在的需要，这种"需要"可以是技术规范中规定的要求，也可能是在技术规范中未注明但用户在使用过程中实际存在的需要。它是动态的、变化的、发展的和相对的，"需要"随时间、地点、使用对象和社会环境的变化而变化。因此，这里的"需要"实质上就是产品或服务的"适用性"。第二层次是在第一层次的前提下，质量是产品特征和特性的总和。需要加以表征就转化成有指标的特征和特性，这些特征和特性通常是可以衡量的：全部符合特征和特性要求的产品，就是满足用户需要的产品。因此，"质量"定义的第二个层次实质上就是产品的符合性。另外质量的定义中所说"实体"是指可单独描述和研究的事物，它可以是活动、过程、产品、组织、体系、人以及它们的组合。就实体的特性和特征而言，可以做以下理解。

(1) 特性。

所谓的特性，是指可区分的特征。

① 固有特性。固有特性就是指某事或某物中本来就有的，尤其是那种永久的特性，如相机快门使用的次数。

② 赋予特性不是固有的，也不是某事物本来就有的，而是生成产品后因不同的要求而对产品所增加的特性，如产品的价格、硬件产品的供货时间和运输要求(如运输方式)、售后服务要求(如保修时间)等特性。

(2) 要求类型。

① 明示的要求。一般是指在合同环境下以书面形式规定的各项条款，主要有法律法规的规定、供需双方达成的协议、供方企业内部的各种规定等。如技术要求、市场要求和社会要求。

② 隐含的需求或期望。首先表现为一些众所周知但又没有或不必明确规定的需求。如餐馆饭菜质量，不能单单以营养成分来衡量，还必须考虑顾客的口味和习惯。其次，隐含的需求还表现为现有的条件下难以满足的合理需要。如易碎的物品，如何防止其破碎，往往就是一个难题，如果谁能够首先满足这种要求，那么谁就抢到了高质量的先机。

③ 必须履行的要求。是指法律法规规定的，必须履行的有关健康、安全、环境、能源、自然资源、社会保障等方面的要求。比如说食品生产厂商的所有产品必须获得 QS 认证，如果没有获取则不能上市销售。

上述定义，还可以从以下几个方面来理解。

(1) 对质量管理体系来说，质量的载体不仅针对产品，即过程的结果(如硬件、流程性材料、软件和服务)，也针对过程和体系或者它们的组合。

也就是说，所谓"质量"，既可以是零部件、计算机软件或服务等产品的质量，也可以是某项活动的工作质量或某个过程的工作质量，还可以是企业的信誉、体系的有效性。

(2) 顾客和其他相关方对产品和体系或过程的质量要求是动态的、发展的和相对的。因为质量将随着时间、地点、环境的变化而变化，所以应定期对质量进行评审，按照变化的需要和期望相应地改进产品、体系或过程的质量，确保持续地满足顾客和其他相关方的要求。

(3) "质量"一词可用形容词如差、好或优秀等来修饰。在质量管理过程中，"质量"的含义是广义的。除了产品质量之外，还包括工作质量。质量管理不仅要管好产品本身的质量，还要管好质量赖以产生和形成的工作质量，并以工作质量为重点。

总之，按照广义的质量概念，从各个不同的侧面都可以表述质量的内涵：质量既包括明示需求，又包括隐含期望；既有符合性要求，又有适用性要求；既要符合客观需要，又要满足主观愿望；既要满足实用要求，又要满足感官享受；既要保证实物质量，又要注重服务质量；既要保证结果质量，又要符合体系质量；既要符合性能指标，又要符合用户使用要求；既包括有形质量，又包括无形质量；既要满足用户要求，又要不断改革创新；既要按时履约，又要保证均衡交付；既要提高产品质量，又要关注人本质量。

2. 质量管理

1) 质量管理的概念

GS 6583.1 关于"质量管理"的定义是："对确定和达到质量要求所必

需的职能和活动的管理。"ISO 8402 关于"质量管理"的定义是："全部管理职能的一个方面。该管理职能负责质量方针的制订和实施。"质量管理是企业管理的一个重要部分，其职能是负责质量方针的制定和实施，即制定质量方针和目标。为了实施质量方针和目标，企业必须建立完善的质量体系，以对影响产品质量的各种活动进行控制并开展质量保证活动。从总体上说，质量管理工作包括企业的质量战略计划、资源分配和其他系统性活动。

2) 质量管理的内涵

管理的本质决定了任何领域的管理都是一定环境和组织中的管理者通过实施相应的职能(如计划、组织、领导和控制)和有效地利用各种资源，以达到组织的目标。质量管理同样如此。

(1) 质量管理是在一定的环境中进行的。任何一个质量管理组织都有一定的生存环境，包括组织的外部环境和内部环境。管理始终处于不断变化的环境之中。能否适应环境的变化，是决定质量管理成败的重要因素。

(2) 质量管理是在一定的组织中进行的。由两个以上的人组成的有共同目标的组织就像一个乐队要演奏乐章，需要指挥使演奏不同乐器的人员分工协作。这里的指挥就是管理。管理是一切有组织的集体活动所不可缺少的要素。

(3) 质量管理的主体是管理者。所谓管理主体，是指在管理过程中具有主动支配和影响作用的要素。一切管理职能都要通过管理主体去发挥作用。要成为一名管理者，就必须具备一定的素质和技能。

(4) 质量管理的客体是组织中的各种资源。所谓质量管理客体也就是管理的对象,指的是管理过程中管理者所作用的产品对象。在一个组织中,管理客体主要是指人、财、物、信息、技术和时间等一切资源。

(5) 质量管理是一个过程。无论是"计划、组织、领导和控制"过程,还是"计划、组织、指挥、协调和控制"过程,还是"计划、组织、控制、激励和领导"过程,管理职能实施的经过就构成了管理的过程。

(6) 质量管理的目的是实现组织的目标。管理本身并不是目的,管理是围绕组织的目标进行的,其最终目的是要实现组织的目标,管理没有目标就是一种盲目的行动。世界上不存在没有目标的管理,也不可能实现无管理的目标。

5.1.2 质量管理与标准

1. 标准是质量发展到一定阶段的必然

原始社会时期,我们的祖先就学会了利用工具(武器)来捕杀猎物。虽然那时我们的祖先还不知道什么是质量,但却知道要去制造结实耐用的武器,这就是质量意识的萌芽。封建社会时期,我们的祖先还是没有将"质量"单独提出来,不过"质量"的意识却在他们留下的著作中处处有体现。如《考工记》就是一本标准化操作指导书,记录了周朝关于各类器具制作标准及工艺规程。这本书还包含了不合格品的判定标准(检验指导书):"审曲面势以饬五材,以辨民器,谓之百工"。秦始皇统一度量衡,为提高产品质量奠定了基础。《唐律疏议•杂律门》中规定:测量工具必须每年 8 月接受检验,只有经过检验并带有检验印记的测量工具方可使用。自美国的泰勒将检验从生产中分离出来,质量便进入了标准化的新阶段。

2. 第三方机构是标准化发展的产物

在市场经济条件下，中介机构强化自律，依据标准为社会提供检验、评价等服务，承担着可能带来的一切风险。对政府而言，通过向中介机构购买服务，做好公平裁判，维护公众利益，是政府的主要职责。这样，中介机构只对政府负责，对检验结果负责，政府依据中介机构提供的结果从严执法，不仅降低了自身风险，还减少了政府因工作失误带来的信任危机。中介机构开展相关活动，其运行的规范性、科学性以及其结果的可信度同样需要标准规范。如 ISO 17025 等标准就是这种作用的标准。国际上流行的做法是：政府授权权威机构按照认可的模式管理中介机构。这些中介机构主要包括产品检验机构、产品认证机构、环境监测机构、建筑工程检测机构、特种设备检查机构、评价机构等。

3. 质量管理标准化是全球一体化发展的结果

1911 年，美国的泰勒出版了《科学管理原理》一书。他通过研究劳动时间和工作方法，提出了"科学管理"的理念，首次提出通过制定"标准作业方法"和"标准时间"来加强生产管理，于是质量管理引入了标准概念。1918 年前后，质量检验工作从操作工进行质量管理发展到专职检验员进行质量管理，即通过严格检验来控制和保证出厂或转入下道工序的产品质量。20 世纪 60 年代，质量管理与系统工程结合，质量管理迈进了"现代质量管理"阶段，形成了一套相对成熟的现代质量管理理论。1987 年 ISO9000 系列标准的发布，标志着质量管理标准化确立，并随着不同版本的更新而逐渐完善。

5.2　质量管理体系

　　最早提出全面质量管理概念的是美国通用电气公司质量经理费根鲍姆。1961 年，他的著作《全面质量管理》出版。该书强调执行质量职能是公司全体人员的责任，应该使企业全体人员都具有质量意识和承担质量的责任。他提出："全面质量管理是为了能够在最经济的水平上并考虑到充分满足用户要求的条件下进行市场研究、设计、生产和服务，把企业各部门的研制质量、维持质量和提高质量的活动构成为一体的有效体系"。随着社会的发展，全面质量管理逐渐作为一个全世界共同遵守的体系标准得以固化。

5.2.1　质量管理标准

　　ISO 9000 质量管理体系(以下简称为 ISO 9000)是国际标准化组织(ISO)制定的国际标准之一，于 1987 年提出概念，延伸自旧有的 BS 5750 质量标准，是由 ISO/C176(国际标准化组织质量管理和质量保证技术委员会)制定的一组标准的统称(ISO/C176 是为适应国际贸易往来中民品订货质量保证的需要而成立的)。质量保证标准的概念源自美国军品使用的军标。第二次世界大战以后，美国国防部吸取第二次世界大战中军品质量优劣的经验和教训，决定在军火和军需品订货中实行质量保证，即供方在生产订购的货品时，不但要按照需方提出的技术要求保证产品实物质量，还要按照订货时提出的且已写入合同中的质量保证条款要求去控制质量，并在提交货品时提交质量控制的实证文件。1978 年以后，质量保证标准被引用到民品订货中，例如英国就制定了一套质量保证标准，即 BS 5750。

随后，欧美许多国家为适应供需双方实行质量保证标准，对质量管理提出了新的要求，在总结实践经验的基础上，相继制定了各自的质量管理标准和实施细则。

ISO 9000 系列标准是国际标准化组织(ISO)汇集世界上知名质量管理专家，在总结市场经济发达国家质量管理经验基础上起草并正式颁布的一套质量管理的国际标准，并于 1987 年发布，成为世界上第一部质量管理和质量保证的系列国际标准。随着经济的发展，全球一体化进程的加快，各国经济的相互交融与贸易的不断深入，以及世界各成员国对质量日趋完美的追求，给 ISO 9000 带来了巨大的发展空间。这种质量管理模式给世界各国的企业带来了新的活力和生机，给世界贸易带来了质量可信度。同时，随着世界人民客观认知的提高和标准自身的要求需要，质量管理标准越来越完善。

ISO 9000 不断融合管理科学的新思想，先后颁布了 ISO 9000-1987、ISO 9000-1994、ISO 9000-2000、ISO 9000-2008、ISO 9000-2015 5 个版本。目前，全球已有几十万家工厂、企业、政府机构、服务组织等各类组织都引入了 ISO 9000，并获得第三方认证。ISO 9000 证书已经成为证实组织具备持续提供满足规定要求的产品或服务的标志。

ISO 9000 系列遵循管理科学的基本原则，坚持系统论、自我完善与持续改进的思想，明确了影响企业产品、服务质量有关因素的管理与控制要求，并作为质量管理的通用标准，适用于所有行业和经济领域的各组织，形成了一套质量管理体系。

我国的国家标准 GB/T 19000 系列标准等同于 ISO 9000 系列标准，也是一种高层次的质量管理标准。其组成如下：

(1) GB/T 19000《质量管理体系基础和术语》。

(2) GB/T 19001《质量管理体系要求》。

(3) GB/T 19004《质量管理体系业绩改进指南》。

(4) GB/T 19021《质量和环境管理体系审核指南》。

我国质量管理国家军用标准体系中最高层次的文件是国务院、中央军委批准，国防科工委发布的《军工产品质量管理条例》，简称《条例》。《条例》是高层次的法规，但未转化成国家标准，相当于第一层次的标准。研制、生产、使用过程及通用基础性的质量管理标准则属于质量体系要素第二层次的标准。随着质量管理的发展，《条例》还将不断增加和调整标准项目与内容。《条例》有些体系要素还可能发展到第三层次的质量管理标准。现行最新的总揽性质量管理标准为 GJB 9001C—2017《质量管理体系要求》。

5.2.2 质量管理体系

ISO 9000 系列标准的核心是要建立一个质量管理体系，以保证产品或服务的质量。质量管理体系是组织为实现质量目标，根据质量管理体系要求(ISO 9000 或 GJB9001C—2017 等标准)，通过一定的方式、方法，将各要素整合在一个架构下运行的一个管理体系。我国自 1987 年推行全面质量管理以来，管理体系在实践和理论上都发展较快。全面质量管理已从工业企业逐步推行到交通运输、邮电、商业企业和乡镇企业，甚至有些金融、卫生等方面的企事业单位也已积极推行全面质量管理。质量管理的一些概念和方法先后被制定为国家标准，1988 年被我国采用。1992 年我国采用了 ISO 9000《质量管理和质量保证》系列标准。广大企业在认真总结全面质量管理经验与教训的基础上，通过实施 GB/T 19000 系列标准，以进一步全面深入地推行这种现代国际通用质量管理方法。

一个组织要进行质量管理，就需要有人、有机构，还要明确他们的职责，同时要有规章制度、管理程序以及相应的资源保障等。质量管理体系是指进行质量管理所需的这些要素的组合，这种组合不是无序的、杂乱无章的，而是系统的、有序的。可以说，提供产品的组织一般都会有质量管理，但不一定就有质量管理体系或者说不一定具备完善的、有效的质量管理体系(质量管理体系可简称质量体系)。

国际标准化组织给质量管理体系的最新定义是：在质量方面指挥和控制组织的管理体系，即在质量方面指挥和控制组织建立方针和目标并实现这些目标的相互关联或相互作用的一组要素。质量管理体系一般包括产品实现，资源管理，测量、分析和改进以及管理等过程。

图 5-1 来源于 ISO 9000 标准，表示了以过程为基础的质量管理体系模式。

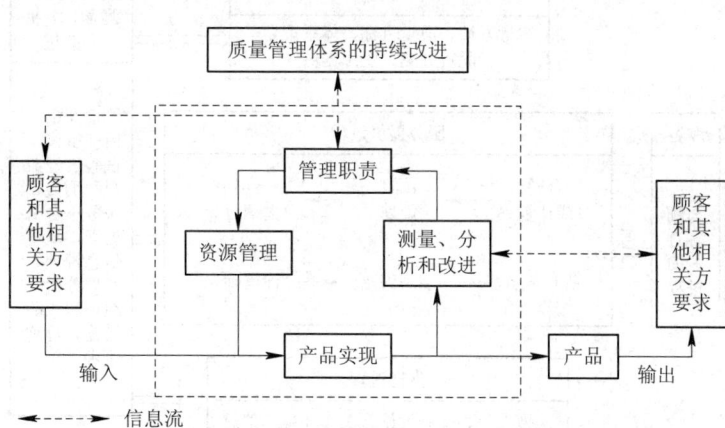

图 5-1　以过程为基础的质量管理体系模式

图 5-1 说明如下：

(1) 质量管理体系的建立和运行，以过程为基础，以顾客要求为输入，转化为产品输出，通过增值活动和信息交流，不断满足顾客要求，使顾客满意。

(2) 质量管理体系由管理活动、资源保障、产品实现、测量分析和改进四大过程构成。

(3) 产品实现过程是质量管理体系过程的主体，该过程又由一系列子过程构成(其他过程也可能包含子过程)。

(4) 过程相互关联、相互作用，实现质量管理体系的持续改进。

不同的单位有不同的产品、规模、结构等实际情况，因而质量管理体系的结构也是不同的。以试验机构质量管理体系为例：装备试验机构所提供的产品是服务，如果按照国家军用标准 GJB 9001C—2017《质量管理体系要求》建立质量体系，其质量体系结构及其过程相互作用的一种表示方法可用图 5-2 表示。

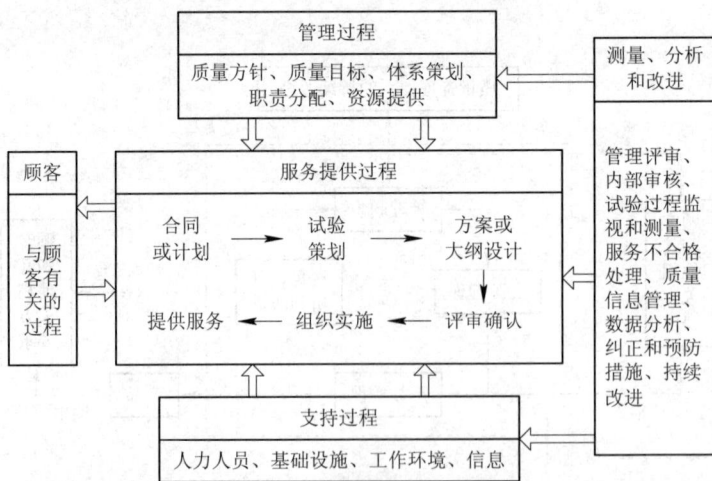

图 5-2　以过程为基础的试验机构质量管理体系

5.2.3 质量管理体系基本原则

ISO 9000 在 2008 版本中指出了质量管理的 8 项基本原则：以顾客为关注焦点、领导作用、全员参与、过程方法、管理的体系方法、持续改进、循证决策、关系管理。这 8 项质量管理原则是现代质量管理理论的精华，是质量管理的基础。组织(利用职责、权限和相互关系安排的一组人员及设施)的最高管理者可运用这些原则领导组织进行业绩改进，同时也可帮助组织建立质量管理体系和改进、完善过程管理体系，提高试验单位的技术能力和业绩，使组织和其他相关方受益。

在 ISO 9000 标准 2015 年版的制定过程中引入了质量管理的 7 项原则：一是以顾客为关注焦点；二是领导作用；三是员工担当和胜利能力；四是过程方法；五是改进；六是基于证据的决策方法；七是关系管理。国际上现将这 7 项原则作为标准制定的基础。ISO 和 IAF(国际认可论坛)联合工作组就 ISO 9000 标准向 2015 年版过渡时，对认证注册/机构的审核员以及其他与认证/注册工作相关的人员提出了掌握和理解新知识的要求，其中就包括对质量管理原则的理解。

5.3 基于质量管理体系的标准实施

质量管理体系的约束对象主要是组织的产品和服务，它是为保证产品、过程或服务质量，满足规定(或潜在)要求，由组织机构、职责、程序、活动、能力和资源等构成的有机整体。即为了实现质量目标的需要而建立的综合体；为履行合同、贯彻法规和进行评价而要求提出的各体系要素的证明。其实施受到标准的约束，并具有一定的适用范围。

5.3.1　质量管理体系的实施

ISO 9000 标准将质量管理定义为：在质量方面指挥和控制组织的协调的活动。质量管理包括质量方针、质量目标、质量策划、质量控制、质量保证和质量改进等几个部分。

1．质量方针

质量方针在管理学中一般指组织或企业总的发展方向，是由最高管理者制定并发布的该组织或企业的总的质量宗旨和方向。如奇瑞汽车公司的质量方针是：追求卓越品质，满足顾客需求，打造奇瑞品牌；持续不断改进，超越顾客期望，实现产业报国。质量方针不是具体的实施方法，而是企业管理者对质量的承诺和指导思想。

2．质量目标

质量目标建立在质量方针的基础上，制定和评审质量目标都需要符合质量方针，目标进一步具体化，即是质量目标。如可以制定质量方针为：开拓创新，可以将"在一定时期内找出新产品"作为目标并实现。奇瑞汽车有限公司根据质量方针制定的近期目标是提高产品质量、降低成本、提高服务质量等；中长期的目标是开发新款车型，提高生产能力，销量全国领先。

3．质量策划

ISO 9000 定义的质量策划为：是质量管理的一部分，致力于设定质量目标并规定必要的运行过程和相关资源，以实现其质量目标。质量策划包括产品策划、管理和作业策划、编制质量计划。

4．质量控制

质量控制是致力于满足质量要求的活动。质量控制的范围涉及产品质量形成的全过程。通过一系列作业技术和活动可对影响质量形成全过程的人、机、料、法、环(man、machine、material、method、environment，4M1E)诸因素进行控制。

5．质量保证

质量保证主要关注预期的产品。质量保证与质量控制是相关联的，质量保证以质量控制为基础，进一步可引申为提供"信任"的目的。企业的质量保证分为内部质量保证和外部质量保证两类。内部质量保证的目的是向企业最高管理者提供信任；外部质量保证的目的是向顾客或者第三方提供信任。

6．质量改进

ISO 9000 定义的质量改进为：是质量管理的一部分，致力于增强满足质量需求的能力。企业开展质量改进应注意以下几点：质量改进通过改进过程来实现；质量改进致力于经常寻求改进机会，而不是等待问题暴露后再去捕捉机会；针对质量损失的考虑要依据三个方面的分析结果即关注顾客满意度、过程效率和社会损失。

ISO 9000 全面吸收了 TQM(全面质量管理)的思想和理念，建立了一个组织完整的质量管理体系，实行以过程为基础的质量管理体系模式。ISO 9000 在促进全球经济一体化进程中具有十分重要的意义，但由于其主要目的是证实组织有能力稳定地提供满足顾客和适用法律法规要求的产品，所以没有涉及满足组织、员工、供方和社会的要求。现行标准体系较之以前的版本，增加了组织背景环境分析，确定了组织目标和战略，增加了领导作用和承诺及组织的知识，也增加了风险和应急措施和机遇的管理等，但由于 ISO 9000 本身的特点和需求，其不足并不能由此而弥补。

5.3.2 基于质量管理体系的企业产品

标准化工作主要是通过制定和实施标准来调整和规范人们在生产、服务、贸易、消费和创造等活动中的行为和利益关系的，是经济发达国家用来管理经济和社会的重要手段和有形之手。在我国，强制性标准与法律法规同样具有强制性属性。例如，推荐性标准一旦使用，就得承担民事担保责任，亦属强制标准的范畴。由于标准应用于工业、农业及服务业各领域，涉及公共安全、建筑安全、产品质量、节约能源、社会管理等各领域的准入门槛，所以标准作为市场经济的有形之手自然成为一种调节方法。

质量管理体系的重要作用体现在以下两个方面。

(1) 在实施全周期质量管理方面。现代质量管理提倡全寿命质量管理。全寿命管理是指产品质量管理贯穿产品论证、研制、试验、生产、使用、维护直至报废全过程。产品全寿命过程大体可分为三个阶段：论证阶段、研制与生产阶段和使用与维护阶段。每个阶段都有各自的质量管理特点和要求，从而形成了论证阶段质量管理体系、研制与生产阶段质量体系、使用与维护阶段质量管理体系。严格地讲，实施全寿命管理强调用户体验。根据我国的产品质量管理体制，用户市场的需求引导产品的生产，并由销售方按照相关法规和市场用户需求为用户提供产品质量保证，并承担质量责任。为此，管理者的责任就是抓"两头控制中间"。这三个阶段的质量管理是整个产品全寿命管理的重要组成部分。

(2) 在产品质量标准方面。产品质量标准明确规定了产品适用性和可靠性方面的质量特性，是产品生产的技术依据，也是衡量产品质量好坏的技术依据，标准既为组织生产、确保产品质量提供技术依据，也为商品流通、交易和服务提供依据，是合格评定、产品认证、产品质量监督、产品质量仲裁、合同签订及政府采购等的重要基础。在规范市场经济秩序、保护消费者权益方面发挥着关键性的依据作用。但不可忽视的是，标准的实施除受企业内、外部环境等结构性因素影响之外，还受到市场主体利害关系的驱动。构成利害关系的诸因素，有的成为推动标准实施的动力，有的则成为抑制标准实施的阻力。为提质增效，在政府监督和企业自身管理两个层面按照法规和标准落实质量管理体系要求是一个有效途径。

质量管理体系的实施一般包括确定领导方针、组织目的、组织机构、职责分配、产品过程与相互关系、产品任务分类、产品生产策划，以及产品生产设计与开发、组织实施、产品评估、产品交付、沟通、不合格品管理、相关支持文件等程序和过程。在产品设计和生产过程中引入质量管理体系，能够不断提高市场主体实施标准的自觉性。各企业遵照标准实施工作的内在规律性，引入激励机制和约束机制，调动一切有利因素，激发实施标准的动力和积极性，抑制消极负面因素，最终建立一个开放的、标准和市场互动的标准实施运行机制。

5.3.3　基于质量管理体系的服务业

1. 服务业标准化

ISO 在 1996 年 10 月 14 日第 27 届世界标准日的主题词为"呼唤服务

标准化"，服务标准化的概念由此产生。2003 年我国成立了全国服务标准化技术委员会(即 SAC/TC 264，对口 ISO 消费者政策委员会 ISO/COPOLCO)，这也标志着我国开始了服务标准化的探索工作。从"十五"期间国家标准委联合国家发改委等 17 部委颁布了《全国服务标准 2005—2008 年发展规划》开始，我国已多次发布服务业标准化发展规划。服务标准化虽已发展了近二十年，但我国服务业标准化水平还比较低，政府对服务业的监管手段比较简单，能用的抓手也不多，严重制约了我国服务业的科学发展。

当前服务业标准化存在的问题主要包括：关键领域缺乏强有力的国家标准和行业标准；企业标准仍然占主体地位；正式的服务标准化活动刚刚起步；服务标准化的影响还比较弱；服务业中法规和标准之间的关系界限不清；在公共服务部门、服务企业和服务业中，服务标准实践的经验数据和资料还比较少；在促进服务业发展方面存在巨大的潜力；围绕着一产和二产面开展的服务标准缺失较多等。

国务院《质量发展纲要(2011—2020 年)》明确提出了发展现代服务业标准化体系，提出"积极拓展服务业标准化工作领域，建立完善细化、深化生产性服务业分工的质量标准与行业规范，进一步制定完善生活性服务业标准，建立健全重点突出、结构合理、科学适用的服务质量国家标准体系，重要服务行业和关键服务领域实现标准全覆盖，扩大服务标准覆盖范围，并培育一批服务业标准化试点或示范区。"国家标准委也出台了《国家标准化体系中长期发展规划》《全国服务业标准发展规划》等，这为未来发展现代服务业标准化绘就了蓝图。

2. 服务业质量管理体系的实施

随着互联网经济和我国工农业的发展,服务业已成为当代经济中增长最快的行业。服务业发展程度与工农业的发达程度密切相关。从现有的认识水平看,服务业主要包括生产性服务业、生活性服务业和公共服务等。国外著名的服务业巨头如沃尔玛之所以有强大的市场竞争力,关键是掌握了市场的游戏规则,具备了完善的服务标准和管理体系,并形成了潜移默化的市场有形之手。

在服务业具体施行质量管理体系时,由于服务业的服务对象具有复杂、需求差异大等特点,因此导致服务业在推进质量管理体系时面临很多困难。一是产品思维固化,按照产品质量管理体系思维管理服务过程;二是服务的内在特征具有分散性,对质量管理体系的实施具有极大的挑战;三是服务要求的差异化,对待共同的服务对象,不同社会环境、文化、认知等都可能导致服务标准的不同认识,从而会影响服务质量管理体系的评价、改进等环节。这些问题的存在,在一定程度上影响了质量管理体系在服务行业的运行。

为提升服务业质量管理体系的运行效率,可以从以下几个方面着手:

(1) 引入激励机制,确保质量管理体系有效。质量管理体系引入的激励机制包括经济激励和市场竞争激励。引入市场竞争激励就是要使实施的标准成为衡量企业信誉的准则之一,以及成为评价能否准入市场的重要因素,从而促进标准实施。

(2) 引入约束机制,保证质量管理体系有序。引入约束机制就是在服务企业的内部和外部构建一种抑制标准实施负面因素的制衡和运行规则,保证标准实施。约束机制包括对标准和质量管理体系实施的评价和监督。

(3) 开放互动机制，维持质量管理体系稳定。由于标准实施及对其进行的质量管理工作的非独立性，质量管理体系的运行大多不是封闭独立完成的，所以有效运行机制的建立只能是依托相关活动，融入服务市场或企业经济、生产、技术活动，在外部和深入推行合同制以及市场准入制度结合起来，在内部和企业服务质量保证体系建设等结合起来，使服务业质量管理体系具有开放性。

总的来说，产品/服务和质量管理体系互为支持。质量管理体系的实施需要产品/服务需求牵引，质量管理体系也只有在为产品/服务活动、为产品/服务主体提供服务和支持的过程中才能有效地发挥其作用。同时产品/服务的有效运行也离不开质量管理体系，产品/服务责任主体间需要质量管理体系作为联系的纽带和桥梁，产品/服务需要质量管理体系提供公平竞争的准则以及高效运行的规范和程序。在社会主义市场经济的大环境下，我国要建立的就是这种产品/服务(包括国内外产品/服务、军民品产品/服务)和质量管理体系，以实施相互支持、相互促进即互动的良性循环。

第六章　标准的评估

国家标准评估是贯彻深化标准化工作改革精神的一项重要制度,通过标准评估工作,将推动推荐性国家标准向政府职责范围内的公益类标准过渡,逐步缩减推荐性标准的数量和规模,确保标准评估公开透明、客观公正,加强国家标准立项工作,实现立项的严格把关和科学把关。

6.1　标准评估制度的特点

标准评估制度的特点有以下 4 个:

(1) 引入专家评估机制,使标准立项工作更加科学。标准的技术内容主要应由技术委员会负责,专家评估侧重于政策方向的把握。因此在选择评估专家时,要偏重于熟悉标准化方针政策、法律法规,国家产业政策、规划的管理类专家。

(2) 将经费作为标准评估的要点,使标准立项工作更加全面。经费预算是标准立项工作的一个重要方面。通过经费评估,进一步提高项目经费预算的合理性。将项目类型与项目经费分配相挂钩,提高项目经费分配的科学性。

(3) 强化时间节点控制,使标准立项工作更加高效。国家标准立项虽然增加了评估环节,但立项整体时间却压缩了。对推荐性国家标准立项工作程序进行优化，依托信息化管理，对每个环节、每个控制点均提出时间要求和质量要求。新的程序全面实施后，将使标准项目立项周期由原来的 4~5 个月缩短到 3 个月，效率提高 30%。

(4) 及时反馈意见，使标准立项工作更加透明。标准立项评估工作启动后，将实现所有申报标准项目件件有回音，立项或不立项均会及时向项目申报单位进行反馈；所有需要协调的申报项目要件件有结果，解决长期以来各方反映的项目协调难、协调没结果的老问题。

为做好标准评估制度的建立，按照国标委和评估中心的部署和要求，标准评估部门组织开展了一批推荐性国家标准立项评估试点，从材料初审和专家评估会两个方面对 6 个技术委员会申报的 63 项国家标准项目进行了试点评估，提出了修改和完善《推荐性国家标准立项评估办法(试行)》的意见和建议。

6.2　标准的评估指标体系

标准评估是对标准实施一定时间后进行的以判断其技术内容是否适合企业现状为目的的活动。标准评估的时机和范围因工作需要而确定，可以是标准体系的全部，也可以是针对实际工作需求，对某一领域或某一局部有重点、有针对性的评估或监督检查。标准的评估指标主要包括标准的规范性、适宜性、标准间的协调性和标准的应用。

6.2.1　标准的规范性

企业研发标准应持续满足 GB/T 1.1 和本企业标准化规定的最新要求。

标准在制定并实施一定时间后，规范性引用文件可能已变更，标准对于变化了的实际情况也应该进行核查和修改。具体情况如下：

(1) 与企业标准和国家、行业标准更新清单进行对照检查，如引用文件已变更，应核查引用文件的条款是否还适宜。

(2) 被修改过的标准内容与相关内容是否协调，必要时需换版本。

(3) 技术要素选择是否符合技术文件类别(如技术条件、设计规范、仿真/校核、试验/验证、综合技术、指南等标准)的要求。

(4) 标准中的技术指标是否量化，技术要求与检验、试验方法的对应关系是否协调。

6.2.2　标准的适宜性

企业研发标准规定的技术内容应保持技术的先进性，不得低于国家法规的最低要求，不可因技术指标过高增加成本而降低技术要求，要使标准能有效规范工作的开展，并达到最终的期望。

1．标准是否能保证产品预期品质

收集与该产品标准相关的问题，收集的范围包括但不限于：

(1) 潜在失效模式及后果分析(FMEA)。

(2) 再发防止报告。

(3) 顾客意见，工序时间或制造、工艺及设计时间的期望值。

(4) 企业质量信息平台问题。

(5) 依据该标准输出的结果(如点检表、测量、验证、校核报告等)。

对上述问题进行分析，查找依据标准执行后达不到预期的原因，并研究修订。

2．标准的先进性

标准规定的技术要求要与行业或技术的发展相协调,并要收集新专利与新标准以及国际、国内行业标准趋势信息,对比现标准的技术要求,分析采纳新标准的可行性。

3．技术指标的适宜性

(1) 标准的技术指标选择要围绕标准的目的、适用范围,反映产品的特性,保证产品(或过程)质量。在此基础上,优先选用国际、国内行业通用特性指标,以便于交流和对比。防止依据某一个特例(如某一厂家产品)制定某一类产品的标准而对其他产品(如第二、三厂家)不适宜的现象产生。

(2) 技术指标值的确定应建立在科学论证的基础上,如果目前还无法确定标准的某参数值时,应加注释说明。

(3) 技术指标值的测量方法要简便,防止检测、试验方法过于复杂或成本过高而不具有可操作性,同时可与国家和行业通用的测量、试验方法以及标准公司的方法对照分析,查找问题。

6.2.3　标准间的协调性

标准之间的协调性决定标准的适用性。具体说明如下:

(1) 每一个标准都不是孤立存在的,被评估的标准与其密切关联的其他标准在主要内容上应相互协调,不冲突,并与相关标准能够配套使用。这里密切关联的标准包括但不限于:产品标准与基础标准之间;同一标准化对象的产品、设计、验证标准之间;同一产品的各系统之间、系统与子系统之间，模块、总成、部件与单件标准之间；产品形成的不同阶段标准之间。

(2) 为分析标准间的协调性和配套性，需要厘清被评估的标准与相关标准间的关系。建议采用产品的构成或形成的过程为对象建立标准体系矩阵表，利用矩阵表来分析标准间的关系。

(3) 利用标准体系矩阵表分析被评估标准的性质、适用范围，并确定标准体系矩阵表的对象。

标准体系矩阵表建立的方式如下：

(1) 在以产品开发的过程为对象建立标准体系矩阵表时，建议采用产品开发关键节点(如概念设计、ET、PT、SOP 阶段)为对象来建立。这种方法尤其适合评估设计文件的完整性和开发流程规范类标准。

(2) 在以产品的构成为对象建立标准体系矩阵表时，建议依据产品构成的零部件分组为单元，比如，对于汽车产品，以 QC/T265《汽车零部件编号规则》的附录 A 中汽车零部件编号中的组号或分组号所代表的零部件为单元，建立技术标准体系矩阵表。这种方法尤其适合以开发产品的技术要求为主要内容的标准评估。

另外，因评估标准的性质、范围不尽相同，根据需要也可选择其他适宜的方式。

(3) 以被评估的企业研发标准 Q/XY GF01《发动机罩设计规范》为例进行说明如何建立标准体系矩阵表。确定标准体系矩阵表的对象为发动机罩总成及部件(8,402 组)，建立标准体系矩阵表如表 6-1 所示。

表 6-1　发动机罩标准体系矩阵表

序号	零件编号	零件名称	国/行标准	技术条件	计算方法	设计规范	仿真/校核	设计验证	基础/相关
1	8402000	机罩总成	GB 11566	▲	Q/XY JS20	Q/XY GF01	Q/XY GF01 第8章	Q/XY GF01 第9章	Q/XY SJ15, 孔规范
			GB 11562	—	—	—	Q/XY FZ04, 刚度	Q/XY SY07, 模态	Q/XY JG12, 间隙要求
			GB/T 24550	—	—	—	Q/XY FZ05, 稳定性	Q/XY SY08, 刚度	Q/XY GC01, 公差
			78/2009/EC	—	—	—	Q/XY JH06, 开闭	Q/XY SY09, 疲劳	Q/XY GL02, 材料要求
2	842101	机罩外板	—	—	—	Q/XY GF01 的 4.1 条	—	Q/XY SY10, 曲面	Q/XY 11.A 面要求
3	8420111	机罩内板	—	—	—	Q/XY GF01 的 4.2 条	—	—	Q/XY S 主 6, 罩锁要求
4	8402122	机罩锁钩连接板	—	—	—	Q/XY GF01 的 4.3 条	—	—	Q/XY SY17, 锁安装
5	8402145	机罩撑杆加强板	—	—	—	Q/XY GF01 的 4.4 条	—	—	Q/XY SJ13, 数模要求
6	8402155	机罩铰链加强板	—	—	—	Q/XY GF01 的 4.5 条	—	—	Q/XY SJ14, RPS 原则
7	工艺要求	焊合要求	—	—	—	Q/XY GF01 第5章	—	—	Q/XY GY20, 车身焊接
8	工艺要求	打胶要求	—	—	—	Q/XY GF01 第6章	—	—	Q/XY GY21, 车身打胶
9	工艺要求	包边要求	—	—	—	Q/XY GF01 第7章	—	—	Q/XY GY22, 车身包边
10	8402300	机罩铰链总成	QC/T 323	Q/XY JT021	△	Q/XY SJ02	Q/XY JH03	Q/XY SY23	关联件
11	8402133	机罩锁钩	GB 15086	—	—	Q/XY SJ01	—	—	—

注：该表的内容为示意性，因产品、企业标准的不同而不同；▲—缺失，优先制定；△—缺失，暂缓制定。

建立矩阵表时,应列出组成发动机罩的零部件以及与其相关联的部件标准;涉及基础标准和相关的其他技术标准及要求也应列入其中;发动机罩设计规范是以总成为标准化对象,其中规范了总成和组成总成的单件要求,在矩阵表中应将其中的章节对应关系列出来,以方便分析使用。

(4) 依据矩阵表核查各标准间的协调性、配套性。核查的内容至少包括:

① 标准是否覆盖所有对象,是否有缺失。

② 各标准间是否有重叠交叉(同一标准化对象制定成不同的标准,造成重复或不必要的差异)。

③ 各标准间参数传递是否协调。

④ 与基础标准是否协调,不冲突。

6.2.4 标准的应用

标准的应用方法如下:

(1) 依据标准的目的及适用范围,建立标准应用输出文件以及最终应用结果的对照表(如表 6-2 所示)。

(2) 按照表 6-2 所示内容对被评估的标准逐条审查。

① 标准是否被应用。

② 标准应用是否正确。

③ 标准应用后产生的结果是否达到了预期目的。

依据上述核查结果判定标准起到的作用以及是否需要调整标准的相关要求。

(3) 除标准直接应用外,如果被评估标准涉及被引用的情况,也应对相应产生的结果加以核查。

表 6-2　标准应用输出文件与最终应用结果对照表

标准类型	应用于开发过程工作	应用后的结果*
产品技术条件	设计规范、设计任务书、产品图样、技术协议、产品定型报告	设计规范、设计任务书是否围绕技术条件的要求； 产品图纸是否满足了技术条件要求； 产品定型报告中检测结果是否有不合格项
设计规范	产品图样、产品设计评审报告	设计规范中相应要求是否反映到图纸中； 产品设计评审报告中是否有不合格项
计算方法	计算书、材料选择、设计规范	相应的文件是否使用了计算方法及其计算结果
试验规范	试验大纲、试验报告	试验大纲与试验规范的要求是否相协调； 试验报告中是否有不合格项
校核规范	校核作用指导书、校核报告	校核服务业指导书与校核规范是否相协调，校核报告中是否有不符合项
仿真分析方法	仿真分析作用指导书、仿真分析报告	仿真分析指导书与仿真分析方法是否相协调，分析结果是否有不合格项
材料标准 技术基础标准	应用于产品开发中，可随产品开发一同审核	在产品技术条件、设计规范、产品图样中是否正确使用，不冲突

注："应用后的结果*"包括两方面的含义：一是最终的产品是否满足了要求；二是试验、校核、分析报告的合格比例是否符合要求，如果合格比例过低，应分析设计规范、计算方法、材料选择方法的适宜性。另外，该列内容可根据具体情况，自行理解，本列内容仅为示例。

6.3　标准的评估方法

6.3.1　评估计划的制订

标准评估是行为规范化活动，所以首先要制订方案、计划。评估机构应调研了解和掌握标准使用基本情况，明确评估目的，制订评估计划，以指导评估全过程。评估计划主要包括：

(1) 评估项目的背景。了解企业经营管理和标准概况。

(2) 评估目的和范围。

(3) 确定评估对象、评估程序和评估方法。了解评估企业的行业特点，确定评估对象；在评估应用的基础上确定评估的重点；按照评估程序，选取相应评估指标体系和评估方法。

(4) 评估人员分工，对专家和相关评估人员应合理使用。考虑行业特点和评估人员的经验，行业标准化专家一般应从专家库选派；相关评估人员可以由标准化技术机构的人员担任；评估负责人应明确由哪些专家及相关评估人员在何时接洽及完成何项工作。

(5) 评估进度、费用预算。合理分配时间，费用预算严格遵守相关法律、法规和政策。

(6) 评估资料收集和准备。资料收集是标准评估工作中一项基础性工作，直接影响评估的科学性、真实性。收集的资料主要有相关引用标准、国家标准、行业标准、国际标准、相关法律法规等，同时还必须收集相关行业前沿技术成果以及企业经营管理中生产成本、技术投入、效益、质量等数据。

(7) 对评估风险的评估及控制。评估负责人应将对评估风险的评估结论和主要依据以及相关监控手段编入评估综合计划中。

(8) 报告撰写。报告是评估结果的汇总，是反馈经验教训的重要文件。报告必须客观、公正、严谨，反映真实情况；报告的文字要简洁、明确、准确，尽可能不用过分生疏的专业词汇；报告内容的结论、建议要和问题分析相对应。

(9) 安排评估工作协调会议。根据评估计划统筹协调会议的具体时间、规模和应达到的预期目的。

6.3.2 评估流程

评估流程以标准试点评估(验收)流程为例介绍如下：

(1) 召开首次会议。参会人员为试点单位的主要负责人、分管领导及相关人员、试点所在地政府及相关部门的负责人、各级标准化行政主管部门负责人等。

(2) 试点单位相关领导人做试点建设研究报告和工作报告，专家就报告内容进行质询。

(3) 专家查阅文件，查看现场，并现场进行服务满意度调查。

(4) 专家组与试点单位沟通。评估组与试点单位沟通评估情况，提出改进意见和建议，并最终与试点单位对评估结果、改进意见和建议达成共识。

(5) 末次会议。末次会议参加人员与首次会议相同；由评估组组长反馈评估结果，宣读评估报告；由试点单位的领导做表态发言；由相关领导讲话。

标准试点评估流程如图 6-1 所示。

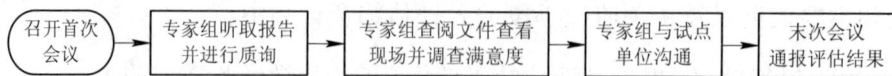

图 6-1 标准试验点评估流程

6.3.3 评估方法

评估方法很多，每种方法都有各自的优缺点和适用范围。评估方法的选取要根据不同标准类型及评估对象、目标来确定。评估方法一般有专家评估法、加权+层次分析法等。

(1) 专家评估法。是一种以专家的主观判断为基础，通常以"分数""指数""评语"等作为评估的标准，对评估对象做出总的评估的方法。常用的方法有评分法、分等法、加权评分法等。这类方法相对比较简单，因而也得到广泛的应用。在标准综合评估中，合规性、符合性、技术水平评估比较适用这类方法。

(2) 加权+层次分析法。是根据具有传递结构的目标、子目标、约束条件等来评估，首先用两两比较的方法确定判断矩阵，然后把判断矩阵的最大特征与相应的特征向量的分量作为系数，最后综合出各方案的权重(优先程度)。该方法作为一种定性和定量相结合的工具，在效益成本决策等方面得到了广泛的应用；其可靠性高、误差小，在标准实施效果评估中，最为合适。

为了减少专家评估的主观性，国内外相关学者提出了多种综合评估方法：隶属于模糊数学的模糊综合评估法由美国控制论专家 L. A. Zedeh 教授于 1965 年提出；隶属于统计分析的主成分分析法由 Holtelling 教授于 1993 年提出；隶属于系统工程的层次分析法由美国运筹学专家 T. L. Satty 于 20 世纪 70 年代提出；隶属于运筹学的数据包络分析法由美国著名运筹学专家 Chames 于 1978 年提出；隶属于系统分析的灰色聚类法由我国著名学者邓聚龙于 20 世纪 80 年代提出；隶属于智能化的 Topsis 分析法于 1981 年由 HWang 和 Yoon 提出；隶属于人工神经网络的 BP 神经网络法则于 20 世纪 80 年代由 Rumelhart 提出。如表 6-3 所示为一些常用评估方法的优缺点。

表 6-3　常用评估方法优缺点比较表

方法类别	方法名称	优　点	缺　点
数理评估法	灰色系统分析法	无需大量的样本数据，计算简单且应用方便，人的主观因素影响不大	样本数据需有时间的序列性，确定分辨率方可计算灰色关联系数，无定量化评估结论
	模糊综合评估法	运用模糊数学的理论，易于掌握和使用，克服判断的模糊性和不确定性	隶属于度函数的确定缺乏系统方法，受主观因素制约
智能评估法	人工神经网络评估法	兼顾专家的经验和直觉，降低评估结果的不确定性，自适应能力强，受决策者主观因素的影响较小	需要大量的训练样本，评估算法较为复杂，精度低，应用范围有限
运筹学	数据包络分析	解决了多输入多输出的复杂问题，推动了评估方法的进步，推动了经济学函数在评估方法的应用	对于技术的无效率性和随机误差性无法避免，对数据要求过多
统计评估法	主成分分析法	以严密的数学理论为基础，适用于一次性的综合估价，评估结果客观、真实、可靠	变量降维后的信息量必须保持在较高水平上并且被提取的主成分必须都能给出实际背景和意义的解释
	层次分析	将评估主体层次化，定量与定性的分析相结合，科学、直观、合理和易于操作	两两比较的形式带有一定的主观性，评估结果的精确度有待提高

6.4　基于效益的标准实施评估

标准化活动的出发点和最终目的是获得效益。制定标准需要投入时间和经费，实施标准更是需要投入大量的社会资源。通过标准化使事物科学化、规范化、程序化，追求的是效益。评估一项标准水平的高低和取得成果的大小主要是看其实施后产生的效益。评估一项工程或产品标准化水平的高低，也要看其标准化工作所产生的效益。

6.4.1 标准实施效益评估发展概况

1. 国外的发展概况

1920 年，美国联邦工程学会发起的有关标准化效果方面的调查，是国际上有组织开展标准实施效益评价的早期工作。随后法国、苏联、日本等国也都先后组织过调查活动，于是社会调查和统计方法开始广泛用于研究标准实施效益。

随着标准实施效益研究工作的深入，进一步提出了量化分析的要求，促进了标准化效果定量计算方法的产生。标准实施效益研究开始主要是集中在机械工业品种简化方面。最早进行这方面研究的是美国的福特汽车厂，随后英国的西尔伯斯顿、法国的卡柯特、日本的松浦四郎等学者也相继开展了这方面的研究工作。

国际标准化组织标准化原理常设委员会第十工作组(ISO/STACO/WG 10)在大量调查研究的基础上撰写了《贯彻·国际标准的效果》《贯彻国际标准经济效果的判断》《经济效果的计算》《经济效果的近似判断》《经济效果的分析》《产品国际标准化优先顺序评价》等一系列文件。

日本提出了《公司级品种简化的经济效果计算方法》和《重要度评价与优先顺序》；美国则提出《公司级标准化节约的计算方法》等 9 个标准(ANSI 1524)；苏联先后制定和修订了《标准化经济效果、计算方法基本规定》等 7 个国家标准。

2. 国内发展概况

20 世纪 80 年代初，我国有多位标准化学者发表文章研究、探讨标准化经济效果问题，在标准化工作领域掀起了一次探讨标准实施经济效益的学术研究高潮。当时的研究是围绕建立标准化经济效果评价和计算指标体系而开展的，其研究成果陆续被制定为国家标准和行业标准。

自 1983 年以来，我国先后制定了《标准化经济效果的评价原则和计算方法》《标准化经济效果的论证方法》《评价和计算标准化经济效果数据资料的收集和处理方法》(GB 3533.1～GB 3533.3)以及《包装标准化经济效果的评价和计算方法》(GB 857)等国家标准。有些行业(如航天、化工等)和地方也制定了相应的行业标准和地方标准。

20 世纪 80 年代末，我国标准化经济效果的量化分析逐渐深入，一方面广泛贯彻 GB 3533 开展标准化经济效果计算，另一方面结合实际情况提出了不少新的计算方法，如投入产出法、模糊评判法、图论法、价值工程分析法、效用函数法等，使我国的标准化经济效果研究成果在国际上产生了一定的影响。

到 20 世纪 90 年代，在航天和电子等行业，对以产品为对象的标准化效益分析与评估进行了研究和实践，并提出了可供借鉴的方法。

6.4.2　标准实施效益的表现形式与特点

1. 表现形式、

由于标准的类别众多，内容丰富，用途各异，导致标准实施效益的表现形式多种多样。有的效益是直接体现的，有的效益是间接体现的；有些效益可以定量计算，有些效益难以定量计算而只能定性评估。但是，归结起来，标准实施的效益可体现为经济效益、技术效益、军事效益和社会效益等。对于某一项具体标准，实施后的效益有的侧重于技术效益，有的侧重于经济效益，有的侧重于军事效益或社会效益，有的则兼而有之。当前标准实施的经济效益可以采用定量的方法进行量化计算与分析，而其他效益则难以量化计算而只能给出定性的描述性评估。

2．特点

标准实施效益有以下几个特点：

(1) 广泛性。标准实施由有关人员在产品研制、生产各阶段与各环节来完成。因此，标准实施效益普遍存在于研制生产过程之中，凡是实施标准的地方都会产生不同种类、不同程度的效益。这些效益是广大工程技术人员在实施标准工作中辛勤劳动的结果。总之，标准实施效益涉及的范围和人员具有广泛性。

(2) 潜效性。绝大多数标准实施的效益不是独立地表现出来的，而是往往融合在产品设计的改进、制造工艺水平的提高、管理的规范化等项工作的效益之中的。标准实施效益和其他效益相互关联，纵横交错，有时成为最终效益的组成部分，难以彻底分离出来，体现出一种潜在的特性。

(3) 长效性。标准实施效益的长效性有多层含义：一是指标准只要在有效期内被实施就能产出；二是按实际情况，实事求是地计算标准化经济效果。当难以把标准化经济效果从总经济效果中划分出来时，一般采用下列两种方法分摊。

① 协商评分法。根据各项工作重要性的不同，由有关部门共同协商，

定出比例，分摊计算。

② 加权系数法。根据标准化与其他管理、技术工作的作用和投入的不同，规定其不同的加权系数。

3．与企业核算制度相结合

标准化经济效果的许多指标与我国企业质量、成本、财会与经济核算指标是相同的。确定标准化经济效果的具体指标时应尽量同其核算指标统一，计算标准化经济效果时要与我国现行企业管理和经济核算制度结合起来，同时要依靠准确可靠的数据，并注意避免标准化经济效果在不同环节上的重复计算。

4．抓住重点，简便易行

产生标准化效果的环节多，影响的因素也多，评估时难以做到面面俱到，应当抓住重点。首先集中分析那些效果明显和起主导作用的因素，把握好总的方向。然后在此前提下，再考虑其他因素，必要时可忽略一些次要的因素，这样才能使方法简便易行。

6.4.3　标准化经济效果基准的选择和考虑的主要因素

1．基准的选择

效果是相对的，在进行标准化经济效果评估与计算时，必须选择适当的基准进行比较，才能体现其效果。

例如，在评估与计算初次制定与实施的新产品和新工艺标准的经济效果时，一般可选择一个在结构、工艺特性和技术指标上相似产品的实际生产水平为基准。当产品标准和工艺标准修订后，在评估与计算其经济效果时，应选择实施原标准达到的实际生产水平为基准。又如，在评估与计算基础标准经济效果时，可选择标准实施前的实际状况为基准等。

2. 考虑的主要因素

不同类型的标准实施效益产生的机理各异。在评估与计算各类技术标准实施后产生的标准化经济效果时，要从不同角度去分析和考虑产生经济效果的主要因素。

在评估与计算产品标准标准化经济效果时主要考虑的因素有：在设计中，减少设计工作量和制图与描图劳动量，提高设计效率和设计水平等；在生产中，提高产品质量，降低不合格品率，增加产品产量，降低劳动量，减少原材料、元器件和零部件的储备，扩大生产量，降低企业管理费、折旧费，缩短生产准备时间和生产周期等；在流通过程中，提高仓库的利用率，缩短运输时间，减少运输和仓储过程中的损失，减少包装和运输费用等；在使用过程中，提高产品的可靠性，延长产品的使用寿命，减少使用、维护、修理费用，提高产品使用效率等。

在评估与计算基础标准标准化经济效果时主要考虑的因素有：提高零部件的互换性，提高产品可靠性，延长产品使用寿命，提高信息传递效率，避免名词术语、图形符号、代号、代码的混乱等。

在评估与计算方法标准标准化经济效果时主要考虑的因素有：提高设计、生产、试验、检验等工作质量和效率，减少差错，避免纠纷，节省试验、测试和检验设备费用等。

在评估与计算安全、环保和卫生标准标准化经济效果时主要考虑的因素有：降低事故发生率，提高环境质量，减少发病率及保健费用，综合利用废水、废气、废渣，减少原料、材料、燃料、动力消耗等。

6.4.4 复杂产品标准化效益分析与评估

1. 产品标准化效益分析与评估的基本要求

新产品研制中的标准化工作包括实施标准和标准化要求、对实施情况进行监督、开展产品"三化"设计等。这些工作的开展都将产生效益。开展产品标准化效益分析与评估要按下列基本要求进行。

(1) 要全面分析与评估产品标准化的经济效益、技术效益、军事效益和社会效益等。

(2) 可采用定量分析与定性分析相结合的方法，其中经济效益以定量分析为主、定性分析为辅，而技术效益、军事效益和社会效益则以定性分析为主，定量分析为辅。

(3) 要与产品研制的实际紧密相结合，从产品研制的实际出发。

(4) 依靠设计师系统，争取行政领导支持，发动相关机构和人员积极参与，共同完成。

2. 产品标准化效益分析与评估的基本思路与方法

(1) 经济效益分析与评估的原则。

在进行产品标准化经济效益分析与评估时，一般应遵循下列原则。

① 要实事求是，既不夸大，也不缩小。

② 要充分考虑各种相互关联、相互制约的因素。

③ 要抓住重点，选择效果好、具有代表性且易于收集数据和进行计算的项目。

④ 要注意区分标准化效益与非标准化效益，既不把非标准化效益计算到标准化效益中，也不能忽略标准化产生的效益。

⑤ 数据收集应准确、完整，立足产品研制的实际。

(2) 经济效益分析与评估的基本思路与方法。

对复杂产品进行标准化经济效益分析与评估时，可采取以产品为对象，以设备为基础，按产品(武器系统)的隶属关系自下而上逐级展开的思路进行。即首先要对该产品进行结构分解，确立系统、分系统及设备等主体对象，然后按顺序对设备、分系统和系统逐级进行标准化经济效益的分析与评估。

设备级产品的标准化经济效益分析要全面分析实施标准、开展"三化"和进行标准化组织管理等方面获得的经济效果，其中以分析实施标准的经济效益为主。

设备级产品实施标准的经济效益分析一般情况下采取选样的方法进行。即先选取若干项具有代表性、经济效果显著且便于计算的标准进行计算，求取平均值，再根据选样情况加以修正后得到该设备实施标准的经济效益。当设备级产品实施标准的数量较少(少于 3 项)时，则应对每项标准进行计算。

在进行单项选样标准的经济效益分析与计算时，可按 GB 3533.1《标准化经济效果的评价原则和计算方法》提供的方法进行。

分系统级产品的标准化经济效益分析要在分系统所属设备标准化经济效益分析和在分系统级范围内开展"三化"、进行标准化组织管理等各项标准化工作所获得的经济效果分析的基础上进行。在对分系统所属设备进行标准化经济效益分析时，一般情况下可采用选样方法进行，即选取分系统所属若干项设备级产品进行选样计算，求取平均值，再根据选样情况用系数加以修正，求出分系统的标准化经济效益。当组成分系统的设备数量较少(少于 5 项)时，则应进行逐项计算。

系统级产品的标准化经济效益分析一般情况下要在各分系统标准化经济效果分析和在系统级范围内开展标准化所获得的经济效果分析的基础上进行。

3. 设备级产品标准化经济效益分析与评估

设备级产品标准化经济效益分析是复杂产品标准化经济效益分析的基础和关键。设备级产品开展标准化获得的经济效益主要从以下几个方面进行评估和计算。

(1) 设备级产品实施标准获得的经济效益。

设备级产品实施标准的数量与全系统相比显得比较少，但绝对数量往往并不少，逐项计算工作量太大，建议采取选样的方法进行计算。选样的原则如下：

① 兼顾标准的类别，产品标准、基础标准、方法标准、管理标准等均应适当选取。

② 兼顾标准的级别，国家级标准、行业级标准、企业级标准均应占有适当比例。

③ 兼顾标准的使用情况，重要的、一般的、次要的标准及常用的与不常用的标准均应予以考虑。

④ 优先选取节约因素明显、易于统计和计算的项目。

⑤选样数量视产品实施标准的数量而定,一般控制在产品实施标准总数的 3%~5%,但不得少于 3 项。

单项选样标准标准化经济效益计算的程序可按以下 3 步进行。

① 计算标准化投资:逐项采集标准制定与实施费用,并计算出标准化总投资。

② 计算标准化节约额:

(a) 调查标准化节约因素,按表 6-4 进行数据采集。

(b) 计算各项标准化节约额,根据节约项目,按表 6-5 选用标准化节约项目计算方法中的公式计算标准化节约额,并计算出标准化总节约额。

表 6-4 标准化节约因素调查表

标准名称:＿＿＿＿＿＿＿＿＿＿＿　　　起草单位:＿＿＿＿＿＿＿＿＿＿＿

标准编号:＿＿＿＿＿＿＿＿＿＿＿　　　实施单位:＿＿＿＿＿＿＿＿＿＿＿

序号	标准化前、后变化因素名称	符号	计量单位	变化因素数量		变化因素单位费用		年产量(年工作量)	
				标准化前	标准化后	标准化前	标准化后	标准化前	标准化后

表 6-5 实施标准获得的年节约额计算表

标准名称：＿＿＿＿＿＿＿＿＿＿＿＿＿　　　起草单位：＿＿＿＿＿＿＿＿＿＿＿＿＿

标准编号：＿＿＿＿＿＿＿＿　　实施单位：＿＿＿＿＿＿＿＿　　实施日期：＿＿＿

序号	效果项目	计算公式	计算	节约(+)或支出(−)额/(元/年)	备注

③ 计算标准化经济效益：

(a) 将计算出的标准化总投资和标准化总节约额填入表 6-6 中。

(b) 选择评价指标，按有关指标的计算公式计算具体数值填入表 6-6 中。

在对各单项选样标准逐项进行标准化经济效果计算的基础上，可按下列公式计算出设备级产品实施标准获得的节约额：

$$J_b = \frac{1}{n}\sum_{i=1}^{n} J_{bi} Q \beta \tag{6-1}$$

式中：

J_b——设备级产品实施标准获得的节约额；

J_{bi}——选样标准的节约额；

n——选样标准数；

i——选样标准项目顺序号；

Q——产品实施标准总数；

β——标准效益系数。

在采用选样标准计算时，应考虑标准实施效益大小不等的情况。如有些标准也许不产生经济效益，甚至产生负的经济效益；有些标准实施开始不产生经济效益，但从长远看，将产生经济效益。因此，通过选样标准计算得到的经济效益需要用一系数加以修正，该系数称为标准效益系数 β。

β 值的选取与标准选样情况有关，一般应在 $0\sim2$ 的范围内调整。当选样标准产生经济效益一般，具有代表性时，β 值取 1；当选样标准产生的经济效果显著，超出其他标准的平均水平时，β 取值小于 1，反之取值大于 1。β 实际取值大小应根据选样情况确定，以保证计算结果能真实反映实际情况。

在采用选样标准方法计算设备级产品实施标准获得的标准化节约额过程中，可能存在某种特殊情况，如有个别标准在实施中产生了非常巨大的经济效益，远远超过其他若干标准产生的经济效益的总和。在这种情况下，可对其单独进行计算，将其结果与用式(6-4)计算出的结果相加作为设备实施标准的效益。标准化经济效益汇总表如表 6-6 所示。

表 6-6　标准化经济效益汇总表

标准名称_____　　　标准编号_____　　　实施日期_____

| 实　施　单　位 | 标准化投资/元 | 标准化节约额/元 | 效　益　项　目 | | | |
			经济效益/元	投资回收期/(年，月，日)	投资收益率/(元/(元·年))	经济效益系数
效益项目综合评估	经济效益/元					
	投资回收期/(年，月，日)					
	投资收益率/(元/(元·年))					
	经济效益系数					
汇总单位评估意见：						
注：1. 表中效益项目和效益项目综合评估栏内可以只填写其中的某几项；						
2. 表中标准化效益如果不能用货币单位表示时，可用文字补充说明						

(2) 设备级产品开展通用化、系列化、组合化获得的经济效益。

设备级产品开展通用化、系列化、组合化的节约是指在该设备研制、生产中，运用标准化原理进行"三化"设计、借用其他产品的零部组件提高继承性、采用标准产品和标准线路提高通用化程度、制定与实施系列型谱标准进行产品基本型系列化设计等而产生的节约。该部分经济效益的分析与评估要采用逐项计算的方法进行。具体分析时应按标准表格采集数据，计算标准化投资额和标准化节约额，得出开展单项通用化、系列化、组合化工作产生的节约额。在此基础上按下列公式可计算得到该设备开展通用化、系列化、组合化的节约额：

$$J_h = \sum_{i=1}^{n} J_{hi} \tag{6-2}$$

式中：

J_h——设备级产品开展通用化、系列化、组合化获得的节约额；

J_{hi}——单项通用化、系列化、组合化工作产生的节约额；

n——设备级产品通用化、系列化、组合化项目数；

i——项目顺序号。

(3) 设备级产品开展标准化组织管理获得的经济效益。

开展标准化组织管理获得的节约是指该设备在研制生产中为实现标准化大纲中各项标准化目标而采取的一系列管理措施所产生的节约。这些管理措施包括编制各种标准化管理文件、标准选用范围、优选目录、新旧标准对照表、应用示例、各种手册和汇编、举办各种标准化学习班与宣贯会等。

该部分节约额的计算基本与式(6-2)相同。在计算得到各单项标准化组织管理产生的节约额后,由下列公式计算该设备开展标准化组织管理获得的节约额:

$$J_g = \sum_{i=1}^{n} J_{gi} \tag{6-3}$$

式中:

J_g——设备级产品开展标准化组织管理获得的节约额;

J_{gi}——单项标准化组织管理措施产生的节约额;

n——设备级产品标准化组织管理项目数;

i——项目顺序号。

(4) 设备级产品的标准化节约额。

按下列公式将上述三方面标准化节约额计算结果进行汇总,即为设备级产品的标准化节约额

$$J = J_b + J_h + J_g \tag{6-4}$$

式中: J 为设备级产品的标准化节约额。

式(6-4)中 J_b、J_h、J_g 项对某一具体的选样产品不一定同时存在,应根据实际情况,有哪些项目就计算哪些项目。

(5) 设备级产品标准化投资额。

设备级产品标准化投资额可按下列公式计算,即

$$K = K_b + K_h + K_g \tag{6-5}$$

式中:

K——设备级产品标准化投资额;

K_b——设备级产品实施标准的投资额；

K_h——设备级产品开展通用化、系列化、组合化的投资额；

K_g——设备级产品开展标准化组织管理的投资额。

(6) 设备级产品标准化经济效益。

以产品为对象评估与计算标准化经济效益，一般采用标准化经济效益和标准化经济效益系数两项指标来衡量。

设备级产品的标准化经济效益 X 按下列公式计算，即

$$X = J - K \tag{6-6}$$

设备级产品的标准化经济效益系数 E 按下列公式计算，即

$$E = \frac{J}{K} \tag{6-7}$$

4. 分系统级产品标准化经济效益分析与评估

分系统级产品标准化经济效益分析要在分系统所属设备标准化经济效益分析和在分系统级范围内开展标准化获得的经济效益分析的基础上进行。通常，组成分系统的设备级产品的数量很大，在分析与评估分系统所属设备标准化经济效益时，一般采用产品选样的方法进行。产品选样原则如下：

(1) 优先选取那些节约因素比较明显、易于计算的项目。

(2) 要从产品在分系统中的重要性及产品的复杂程度两个方面综合考虑。既要有重要产品，也要有一般产品，既要有复杂产品，也要有简单产品，使选样产品具有代表性，尽量避免在同一类产品中集中选样。

(3) 选样产品数量可根据组成分系统的设备(组件)总数的不同在

8%~10%之间进行选取，但不应少于 3 项。

分系统级产品标准化经济效益分析与评估的程序与步骤一般按下列程序和步骤进行：

(1) 按产品选样原则确定选样产品。

(2) 逐项进行选样产品标准化经济效益分析与计算。

(3) 逐项计算在分系统级产品范围内开展"三化"、进行标准化组织管理获得的经济效益。

(4) 计算分系统标准化经济效益。

选样产品标准化经济效益的分析与计算按"设备级产品标准化经济效益分析与评估"的方法进行。

在分系统级产品范围内开展"三化"与进行标准化组织管理获得的经济效益的计算方法和设备级产品开展"三化"与进行标准化组织管理获得的经济效益的计算方法相同。可参照"设备级产品标准化经济效益分析与评估"一节介绍的方法进行逐项计算。

分系统标准化经济效益计算可按下列步骤进行：

① 将各项选样产品计算出的标准化节约额代入式(6-8)中，计算出分系统所属设备的标准化总节约额，即

$$J'_f = \frac{1}{n} \sum_{i=1}^{n} J_i Q \alpha \qquad (6\text{-}8)$$

式中：

J'_f——分系统所属设备的标准化总节约额；

J_i——选样产品的标准化节约额；

n——选样产品数；

i——选样产品顺序号；

Q——分系统所属设备(组件)总数；

α——产品效益系数。

在采用选样产品计算时,考虑到分系统所属设备在实施标准、开展"三化"和进行标准化组织管理等方面情况存在较大差异,标准化经济效益有大有小。因此,通过选样产品计算出的经济效益需取一系数加以修正。该系数称为产品效益系数 α。

α 值的选取与产品选样情况有关,一般应在 $0\sim2$ 的范围内调整。当选样产品标准化经济效益一般,具有代表性时,α 值取 1;当选样产品标准化经济效益显著,超出分系统所属产品平均水平时,α 取值小于 1,反之取值大于 1。α 实际取值大小应根据选样情况确定,以保证计算结果能真实反映实际情况。

在对分系统所属产品采用选样方法计算其标准化经济效益时,也可能存在某种特殊情况,即有个别产品通过实施标准、开展"三化"和进行标准化组织管理产生的标准化经济效益特别显著。在这种情况下,可对其单独进行计算,并将其结果与用式(6-8)计算出的结果相加作为分系统标准化经济效益。

② 将各项选样产品计算出的标准化投资额代入式(6-9)中可计算出分系统所属设备的标准化总投资额,即

$$K'_f = \frac{1}{n} \sum_{i=1}^{n} K_i Q \gamma \tag{6-9}$$

式中：

K'_f——分系统下属仪器设备(组件)的标准化总投资额；

K_i——选样产品的标准化投资额；

n——选样产品数；

i——选样产品顺序号；

Q——分系统下属设备(组件)总数；

γ——产品标准化投资系数。

在采用选样计算时，考虑到每项产品的具体情况差别很大，围绕各项产品开展标准化所做的工作也不一样,用于标准化的投资不尽相同。因此,通过选样产品计算出的标准化投资值需要取一系数加以修正,该系数称为产品标准化投资系数 γ。

γ 值的选取与产品选样情况有关，一般应在 0～2 的范围内调整。当选样产品的标准化投资在所有产品中属于一般，具有代表性时, γ 值取 1；当选样产品的标准化投资较大，超出其他产品的平均投资水平时, γ 取值小于 1，反之取值大于 1。γ 实际取值大小应根据选样情况确定，以保证计算出的结果能反映实际情况。

③ 将分系统范围内开展"三化"、进行标准化组织管理所获得的节约额代入式(6-10)，计算出分系统标准化总节约额，即

$$J_f = J'_f + J_{fh} + J_{fg} \tag{6-10}$$

式中：

J_f——系统标准化总节约额；

J_{fh}——分系统范围内开展"三化"获得的节约额；

J_{fg}——分系统范围内开展标准化组织管理获得的节约额。

④ 将分系统范围内开展"三化"、进行标准化组织管理的标准化投资额代入式(6-10)，计算出分系统标准化总投资额，即

$$K_f = K'_f + K_{fh} + K_{fg} \qquad (6-11)$$

式中：

K_f——分系统标准化总投资额；

K_{fh}——分系统范围内开展"三化"的标准化投资额；

K_{fg}——分系统范围内进行标准化组织管理的标准化投资额。

⑤ 进行分系统标准化经济效益分析与评估。

分系统的标准化经济效益按下列公式计算，即

$$X_f = J_f - K_f \qquad (6-12)$$

分系统的标准化经济效益系数按下列公式计算，即

$$E_f = \frac{J_f}{K_f} \qquad (6-13)$$

5. 系统级产品标准化经济效益分析与评估

系统级产品标准化经济效益的分析与计算应在各分系统产品标准化经济效益分析与计算和系统级范围内开展"三化"、进行标准化组织管理获得的经济效益分析与计算的基础上进行。

在分析和计算系统级范围内开展"三化"、进行标准化组织管理获得的经济效益时要抓住重点，逐项计算，其计算方法与设备级产品开展"三化"、进行标准化组织管理获得的经济效益的计算方法相同。

系统级产品标准化总节约额可按下列公式进行计算，即

$$J_{\Sigma} = \sum_{i=1}^{n1} J_i + \sum_{j=1}^{n2} J_{hj} + \sum_{k=1}^{n3} J_{gk} \qquad (6\text{-}14)$$

式中：

J_{Σ}——系统级产品标准化总节约额；

J_i——各分系统标准化节约额；

J_{hj}——系统级产品范围内"三化"项目标准化节约额；

J_{gk}——系统级产品范围内标准化组织管理项目标准化节约额；

$n1$——系统级产品所属分系统项目数；

$n2$——产生标准化经济效益的"三化"项目数；

$n3$——产生标准化经济效益的标准化组织管理项目数；

i——分系统顺序号；

j——"三化"项目顺序号；

k——标准化组织管理项目顺序号。

系统级产品标准化总投资额可按下列公式进行计算，即

$$K_{\Sigma} = \sum_{i=1}^{n_1} K_i + \sum_{j=1}^{n_2} K_{hj} + \sum_{k=1}^{n_3} K_{gk} \qquad (6\text{-}15)$$

式中：

K_{Σ}——系统级产品标准化总投资额；

K_i——各分系统标准化投资额；

K_{hj}——系统级产品范围内"三化"项目标准化投资额；

J_{gk}——系统级产品范围内标准化组织管理项目标准化投资额；

n_1——系统级产品所属分系统项目数；

n_2——产生标准化经济效益的"三化"项目数；

n_3——产生标准化经济效益的标准化组织管理项目数；

i——分系统顺序号；

j——"三化"项目顺序号；

k——标准化组织管理项目顺序号。

系统级产品标准化经济效益可按下列公式计算，即

$$X_\Sigma = J_\Sigma - K_\Sigma \tag{6-16}$$

系统级产品标准化经济效益系数可按下列公式计算，即

$$E_\Sigma = \frac{J_\Sigma}{K_\Sigma} \tag{6-17}$$

6.4.5　产品标准化军事效益与社会效益分析与评估

产品标准化军事效益与社会效益的分析与评估一般也采用定性分析为主、定量分析为辅的方法进行。定性分析包括效益的综合性阐述和典型事例的描述，可着重考虑以下几个方面：

(1) 提高产品作战使用效能。

(2) 提高综合保障能力。

(3) 提高产品研制生产的管理水平。

(4) 缩短产品研制周期。

(5) 保障安全，避免污染。

(6) 为后继产品研制、生产奠定基础等。

第七章　标准实施的监督

　　标准的实施往往比标准的制定要复杂。这种复杂性来自标准的实施受制于更多因素，包括国家的经济管理体制、法律法规的规定、实施对象需求和条件的多样性等外界条件，以及标准本身的科学性和可操作性等。现在，无论是国际标准、国家标准(国家军用标准)的制定，还是行业标准或企业标准的制定，都有一套比较成熟的程序和编写的规则，同时也有相应技术规章或标准对标准的制定做出规定。可以说，目前标准制定工作比较规范。但标准的实施则缺少相应的规章，实际运作时随意性较大。因此，对标准的实施及其监督更应引起我们的关注和重视。

7.1　标准实施的监督组织

　　根据监督工作责任主体和监督内容重点的不同，可将对标准实施的监督分为企业内部监督、订购方监督、主管部门监督。

　　标准实施工作的复杂性在组织管理上表现有以下 4 点：

　　(1) 实施标准要和特定实施对象的背景、要求、条件和过程协调起来，协调难度大。

　　(2) 实施标准在大部分情况下要投入一定物力、财力和人力，要综合权衡投入和产出的效益。

(3) 标准内容的多样性使标准具体实施过程显得多变和不确定，增加了组织管理的难度。

(4) 武器装备研制生产周期长，在这期间，技术发展、产品要求或标准本身的变化都会给武器装备研制工作带来新的问题。

实施标准并对实施情况进行监督是产品标准化工作的基本任务。标准实施是否适时、适度和深入，直接影响产品标准化工作的效益，影响武器装备及其配套产品的性能和质量。因此，必须把标准实施当做产品标准化工作最重要、最核心的任务。

标准实施是指某一产品或过程、服务等事项中选用标准并执行标准规定的要求的一系列活动。实施标准一般包括以下两个过程：

(1) 选用标准。选择适合于特定事项需要的标准，并提出实施标准的要求。主要形式是在有关文件中引用标准。

(2) 具体执行标准。在产品设计、加工、试验，验收、使用、维修或其他过程及服务各环节中执行标准规定的要求。

由于标准种类繁多，作用和内容各不相同，一个特定标准的实施，可能只涵盖上述概念中的一部分。标准实施的监督是指对标准的实施情况进行检查，并纠正实施中的偏差，处理实施中的错误行为的一种活动。

监督是为标准实施服务的。在产品生产中做好标准实施的监督工作可以督促有关人员严格执行标准，及时发现和纠正违反标准的行为，还可以发现标准本身存在的问题，以便修订和完善标准。

企业标准化职能机构和质量保证体系是企业内部对标准实施进行监

督的主要责任单位。他们依据相关法规和制度，在职能范围内对企业实施标准情况进行检查和评审，组织有关部门及时纠正标准实施的不足或偏差。

《中华人民共和国标准化法》及《军用标准化管理办法》都规定各级标准化主管部门要对标准实施进行监督。因此，企业的标准化职能机构应负责企业内部实施标准的监督。

《军工产品质量管理条例》规定：质量保证组织的主要职责包括督促、检查国家标准、国家军用标准或专业标准的贯彻执行，即企业质保体系要对产品研制生产全过程各环节中标准的实施进行具体的检查和监督。可以说，企业质量保证体系在保证企业产品质量过程中对相应标准实施的检查和监督是最全面、最深刻、最有效的监督。

把对标准实施的监督作为企业质量保证组织的重要职责之一是企业质量管理的需要和监督工作的性质决定的。一方面，实施相关标准是保证产品质量的重要手段和标志，质保组织应允许利用这一手段达到质量目标；另一方面，标准实施内容广泛，对实施进行监督要动用检测仪器设备，要有一套检验和处理各种问题的管理办法，要投入人力资源，这样的任务只有企业质保组织才能胜任。因此，对企业实施标准的内部监督应主要依靠企业质保组织来实施。

7.2 标准实施的监督原则

7.2.1 标准实施监督的特点

由于武器装备的重要性、复杂性，以及发生故障后果的严重性，武器装备研制、生产时对标准实施的监督工作与简单民品比较有大的不同。具体有以下特点。

1. 多层面和全过程

标准实施监督的多层面和全过程是指对标准实施的监督要在订购方和承制方之间与在总承制方和分承制方以及再下一级分承制方之间，从系统总体直至元器件、原材料等多个层面上，从立项论证、方案论证、工程研制到定型和生产的不同阶段与不同环节上全方位进行。

2. 非独立性和开放性

因标准的实施大多数情况是作为实施对象相应活动的组成部分与其工作一起进行，因而对标准实施进行监督不能脱离这些活动而独立存在。另一方面，监督标准实施也要依靠各方面人员，以不同方式在不同岗位上完成，所需检查、测试设备大多数都是利用产品研制生产的现有条件。所以说，标准实施的监督工作具有非独立性特点。

3. 强有力的订购方监督

武器装备有固定和明确的用户，订购方有一支从上到下的产品订货、监督和验收系统。按照国家有关法规，在武器装备产品研制生产单位都派驻有军事代表。这些军事代表依据有关法规和技术资料的规定，对产品研制、生产的成果及主要环节，包括承制方的科研生产活动及标准的实施，进行持续和强有力的监督。

订购方监督实际上是保证武器装备性能质量的关键环节。

7.2.2　标准实施监督的依据

1. 法规依据

《中华人民共和国标准化法》《军用标准化管理办法》和《武器装备研制生产标准化工作规定》等标准化法规以及《军工产品质量管理条例》与《中国人民解放军驻厂军事代表工作条例》等相关法规都对标准的实施及监督做出了相关规定。现有标准化法规都规定了各级标准化行政部门要对标准实施进行监督。《质量管理条例》和《军事代表工作条例》则把对标准实施进行监督分别列为企业质保系统与军代表的重要职责之一。这些法规构成了武器装备研制生产中对标准实施进行监督的法规依据。

2. 具体依据

因为监督与实施要求紧密相关,所以对标准实施进行监督的具体依据则是对标准实施提出具体要求的有关文件。这些文件包括:

(1) 法律、法规及指令性文件,如武器装备"研制总要求"或"研制任务书"等。

(2) 产品研制合同或协议书。

(3) 产品图样、技术规范(专用技术条件),以及其他设计文件和产品标准化文件。

7.2.3　标准实施监督的基本原则

实施标准监督应遵循以下基本原则:

(1) 要紧密结合实际工作的需要,具有明确的目的性。采用和实施标准的根本目的是达到总目标,首先是为了保证军工产品的质量,满足武器装备作战使用要求，保证战术技术指标的实现；同时也是为了缩短产品研制周期，节省研制、生产及全寿命期费用。实施标准要防止无的放矢、走形式或目的不明确。

(2) 要紧密结合各阶段任务，具有适时性。实施标准要紧紧围绕各阶段的中心任务，将标准实施工作作为生产各阶段任务的内容支持，并将完成任务的手段融入研制生产过程之中。采用和实施标准在时间上要适时，不宜过早，也不宜过迟。过早可能限制人们的创造性，或因条件不成熟而事倍功半。过迟可能会错过有利时机，导致设计、工艺、工装的更改，造成浪费和效益不佳。

(3) 要进行综合权衡，具有针对性，实现效益最佳化。采用标准、提出并实施具体要求必须针对特定装备或产品的使用条件和环境，要进行性能、经费、进度和风险等的综合分析和权衡，比较各种要求和方案的利弊得失及费用效益比，做好通用标准的剪裁，达到效益最佳化。

(4) 要充分考虑配套协调，符合协调原则。复杂武器装备的研制生产往往涉及上百个研制单位、数千个标准。所以各方面、各层次选用和实施标准的要求要协调。例如：在选用高层标准后，要注意选用与之配套的支持标准；配套产品的实施要求应和上层次产品的标准实施要求相协调。

(5) 要符合有关法律、法规，遵循一定的工程程序。标准的实施应执行相关法律、法规的规定，成为执法的支持和延伸。

选用的标准及提出的实施要求应纳入技术文件，其标识、更改等技术状态的管理都要按产品研制生产的有关规定和程序执行。

7.3 标准实施的监督方法

由于对标准实施进行监督多数情况均依附在相关活动之中,不独立存在,所以对标准实施进行监督要在实施活动各阶段通过多种不同方法来进行。

1. 审批

有关主管机关和各级负责人在审批武器装备及其配套产品指令性文件(如"研制任务书")、技术资料(如图样、专用技术规范)、装备使用维护条令等文件时,应同时检查、监督标准的采用和实施情况。

2. 评审

有关专家按照《军工产品质量管理条例》等文件规定,在武器装备研制过程中进行各阶段设计质量、工艺质量和产品质量等评审时,同时对标准的采用和实施情况进行评审和监督。关于标准实施的评审还可参照国家军用标准 GJB/Z 113—1998《标准化评审》,它详细规定了各类标准化评审的内容和程序。

认真做好标准实施评审对促进标准实施具有良好作用。例如,某重点武器装备研制曾对 GJB 1007—1990《飞机样机通用规范》的采用和实施进行过多次和广泛的评审和检查,取得了良好效益。

(1) 标准化评审的作用和意义。标准化评审是产品研制过程中开展技术状态管理和技术评审活动的组成部分,是为保证产品实现研制总目标,对实施标准和标准化要求的情况进行自我完善的活动。开展标准化评审的目的在于通过评审找出问题,提出解决方案,充分发挥标准化对产品研制的保障作用。因此,开展标准化评审是对标准实施进行监督的重要方式之一。

(2) 标准化评审的依据和主要内容。GJB/Z 113—1998《标准化评审》将标准化评审分为设计标准化评审和工艺标准化评审。

根据不同阶段标准化工作的内容,又可将标准化评审分为方案评审、实施评审、最终评审。

设计标准化评审是对新产品研制标准化目标及标准实施方案和计划、措施进行的检查和评审,也是对"产品标准化大纲"的评审;设计标准化实施评审是对新产品在工程研制阶段贯彻执行"产品标准化大纲"、具体实施标准情况的检查和评审;设计标准化最终评审是设计定型阶段对新产品研制全过程中贯彻执行"产品标准化大纲"、具体实施标准情况的最终的和全面的检查和评审。

工艺标准化评审是对新产品制造标准化目标及标准实施方案和计划、措施进行的检查和评审,也是对"工艺标准化综合要求"或"工艺标准化大纲"的评审;工艺标准化实施评审是对新产品制造过程中贯彻执行"工艺标准化综合要求"(或大纲)、具体实施标准情况的检查和评审;工艺标准化最终评审是在生产(工艺)定型阶段对新产品制造全过程中贯彻执行"工艺标准化综合要求"(或大纲)、具体实施标准情况的最终的和全面的检查和评审。

(3) 标准化评审工作的基本要求。按照 GJB/Z 113—1998《标准化评审》,标准化评审应符合以下要求:

① 应将标准化评审工作纳入产品研制计划。标准化评审可以单独进行，也可以结合设计评审、工艺评审或产品质量评审统一组织。

② 应按规定程序组织和管理标准化评审，评审结果应形成评审报告。

③ 应将标准化最终评审的结果作为起草"设计定型(鉴定)标准化审查报告"或"生产(工艺)定型标准化审查报告"的主要依据。

3. 标准化检查

有关部门和标准化人员应对图样和技术文件等资料是否符合有关标准进行专业标准化检查，以及在投产前对标准的实施情况进行检查。

(1) 标准化检查的作用。对图样及技术文件进行标准化检查，可以保证图样和技术文件正确选用标准；正确执行标准规定的内容或提出合理的标准实施要求，可为标准进一步实施打下基础。

(2) 标准化检查的方式。

① 标准化检查可以采用专检、自检以及自检与专检相结合等方式。

② 标准化检查可以是标准化人员深入设计现场，先对白图、草图进行检查，及时发现问题及时纠正，然后再对正式图样进行检查并签署；也可以直接检查正式图样并签署。

(3) 标准化检查的管理。

① 标准化检查应纳入有关科研工作计划，以保证有足够时间达到检查的要求。

② 对标准化检查中发现的问题，标准化人员和有关技术人员应协商解决。

③ 标准化人员对不符合标准化要求的图样和设计技术文件有权拒绝

签字。凡未经标准化人员签字的图样和设计文件不能生效。

(4) 标准化检查的主要内容和程序。标准化检查建议按一定的程序进行，因为图样或技术文件的内容很多，如无次序，很容易漏检。

不同种类的图样及技术文件，标准化检查的具体内容和依据的标准也不同。因此，各企业可按照零件图、装配图、总图和外形图等各种图样与明细表，以及按技术规范和其他各种技术文件分项列表，载明标准化检查的内容、程序和依据的标准，制定成规章或标准供标准化人员检查时使用。

(5) 检查结果及其处理。

① 标准化检查结果应做好记录。记录的作用如下：

(a) 作为向设计者提出图样修正的正式通知。

(b) 作为今后检查是否更改及统计产生的效益或问题的根据。

(c) 为修订相关标准及改进标准化工作提供素材。

② 标准化检查结果及改进意见应以适当形式反馈给设计人员，对于重大的修改意见最好能有文字记录。向设计人员提出修改意见时，应遵循以下工作原则。

(a) 一切工作和修改意见应根据相关规章或标准进行，防止按个人意愿或习惯去强求修改图样。

(b) 对于不符合标准化原则又无相关规章或标准可遵循的问题应协商解决。

(c) 对于图面上非实质性的一般问题可协商采用诸如定期改正等折中方法来解决。

(d) 重大问题协商结果应向主管领导汇报，协商不通时由主管领导裁决。

4．过程控制

在研制生产过程中,通过技术状态的管理和过程活动的质量控制对标准的实施情况进行监督和控制。

5．鉴定、定型

在武器装备及其配套产品鉴定或设计定型、生产定型时,同时对标准实施情况进行全面的检查和监督。

6．验收检查

质保系统检验人员和订购方代表在外购件入厂检验、零部件加工检验、产品检验验收时,同时对标准实施情况进行检查和监督。

7．产品认证

使用范围广的元器件、零部件、原材料产品在投入批量生产前进行各种类型的认证时,同时对标准实施的情况进行检查和监督。

根据国际标准化组织(ISO)文件,产品合格认证是指借助合格证书或合格标志来证明某项产品或服务项目符合规定的标准或技术条件的活动。

ISO 和国际电工委员会(IEC)理事会联合批准发布的 ISO/IEC 第 16 号指南《关于第三方认证制度及有关标准的通则》提出:为了保证产品质量符合标准要求,特别是有关安全、健康和环境保护方面符合规定的标准,减少重复检验,应该建立产品认证制度;为了消除与认证有关的贸易壁垒,促进不同国家和地区对认证制度的相互承认及标志的有效使用,应协调并力争建立以国际标准为基础的认证制度。

在我国,为了保证产品质量,对国际、国内市场上广泛流通的产品、服务等项目推行了产品合格认证制度。

武器装备由于其研制生产的复杂性、要求的严格性，以及生产和使用方的相对固定及可管理性等原因，产品合格认证的主要形式是采用新产品鉴定定型制度和许可证制度，和上述意义上的产品合格认证在作用和目标上基本相同，但在具体方法和程序等方面却有很大差别。

(1) 武器装备定型。1986 年国务院、中央军委发布的《军工产品定型工作条例》及 2000 年中央军委发布的《中国人民解放军装备条例》均规定：拟装备部队的新型武器、装备器材等产品均应按规定实行产品定型，未经定型的产品不得投入生产和装备部队。

产品定型是国家对产品进行全面考核，确认其达到规定的要求并办理手续的活动。武器装备的定型包括设计定型和工艺定型，是一个远比一般民品合格认证复杂的过程。

武器装备在定型这种特定形式的产品合格认证过程中，在全面考核中也检查和监督标准的实施。

(2) QPL 和 QML 制度。在武器装备生产中，对于那些生产厂家多、通用化程度高、使用面广而合格鉴定试验时间长的产品正在研究和逐步推行 ISO/1EC 概念上的产品合格认证制度。其具体形式主要是建立 QPL(Qualified Products List)和 QML(Qualified Manufacturers List)。

① QPL。

QPL 是经鉴定并符合相应规范要求的产品或产品族的目录，其中包括相应规范的编号、合格证书、产品标识、试验或合格鉴定号，以及该产品制造商和批准的销售商的名称与工厂的地址。

只有经政府指定的实验室检查并试验证明符合相应规范要求的产品才有可能被批准列入 QPL。

QPL 适用于能在相当长的时期内稳定生产、连续购买且试验与评定工作复杂或耗时长的供应项目。

② QML。

QML 是经鉴定的制造商的设施、生产线或某一范围材料的目录，该制造商应具备生产相应规范规定的产品的能力。QML 包含相应规范的编号、合格证书、材料的标识，制造商工厂名称和地址，以及制造商利用该过程、材料或生产线生产的合格产品。

只有经政府指定的实验室检查并试验证明其产品符合相应规范要求的过程和材料才有可能被批准列入 QML。并非所有的规范都要求建立 QML，只有规定了制造商合格鉴定要求的规范才建立 QML。

QML 最终鉴定的是一定范围内的材料和过程，而不是具体的产品。通常的做法是从利用这些材料和过程的可能组合而生产的产品中抽取有代表性的产品或最坏情况下的样品进行鉴定。

QML 适用于具有下列特点的产品：技术发展迅速的产品、品种太多的产品、用户定制的类型太多的产品、合格鉴定费用太贵的产品。

③ QPL 和 QML 对监督标准实施的作用。实施 QPL 和 QML 制度在起到简化程序、缩短周期、保证质量、降低成本、提高产品和企业的知名度、充分利用生产线等作用的同时，还起到监督和促进标准实施的作用。因为只有经过鉴定，并证明符合相应规范要求的产品或工艺过程和材料才可列入 QPL 和 QML。当以后定期的鉴定证明产品或制造商不再符合相应

规范的要求时，则应将其从 QPL 和 QML 中除名。由此可见，规范是建立和维护 QPL 及 QML 的基础和依据，推行 QPL 和 QML 制度可起到监督和促进标准规范实施的作用。

可能还存在其他各种检查和监督标准实施的方法。总之，对不同的实施对象和不同种类的标准应在不同的阶段和节点利用各种可能的方法对标准实施情况进行检查与监督。

7.4 标准实施的监督依据、内容和方式

1. 企业内部标准实施的监督依据、内容和方式

研制和生产单位应依据法规、指令性文件、合同文件及图样和技术文件的规定对标准实施情况进行内部检查和监督。

实施标准的基础在企业，因此，企业内部监督是对标准实施进行全面监督的基础。

(1) 监督依据和内容。

企业对实施标准进行监督的直接和具体的依据是企业批准颁发的专利、技术和管理文件，如产品图样及规范、工艺规程、工装图样等技术文件及企业颁发的各种管理文件和标准等。法律法规及指令性文件和合同规定执行的标准也要通过企业的各种文件的再规定才能直接作为实施和监督的依据。

企业要完成从原材料入厂到产品开发、生产到出厂，要实施所有与产品及其过程和服务有关的标准。所以企业内部监督的内容和范围非常广泛，包括从原材料、元器件、外协件的入厂检验到定期复验，从加工到装

配试验、包装出厂都要按规定的标准进行检验，并监督标准的实施。对与产品开发和生产有关的各种工程过程、管理过程、试验过程以及与服务有关的所有标准的实施也都要进行检查监督。

(2) 监督的方式。

由于企业实施标准及其监督内容的广泛性和任务的艰巨性，因此企业内部监督要采用各种形式的监督方式以求最大限度保证标准的实施。

在新产品开发的方案阶段，对各种方案进行评审时就要对上层次或合同等文件规定的标准的采用和执行情况进行评审。

在图样资料颁发阶段，企业标准化人员要审查、检查标准选用及其应用的正确性，相应技术负责人在图样审批及重大问题决策时都要对标准的实施进行监督。

在样品加工或产品生产阶段，要通过对原材料、元器件、零部件直至产品的装配及试验进行检查和复查以保证对标准实施的监督。

在产品定型阶段，更要对标准实施情况进行全面检查，保证产品设计定型和工艺定型后能投入稳定的批量生产。

2. 订购方标准实施的监督依据、内容和方式

订购方应依据法规、指令性文件、合同文件的规定，对承制方实施标准的情况进行监督。

订购方监督包括军队订购部门对承制方的监督，也包括武器装备总承包单位对分承包单位及分承包单位对下一级分承包单位的监督。

(1) 监督的依据和内容。

订购方主要依据有关法律法规和合同规定对标准实施进行监督。

《军工产品质量管理条例》规定，使用单位可以派出军代表监督承制单位执行合同质量保证的有关条款落实情况。《武器装备研制合同暂行办法实施细则》规定，委托方(订购方)有权按合同约定检查研制方履行合同的情况和验收研制成果。其中就包括对标准实施的检查与监督。

订购方监督的重点是那些影响武器装备使用和战术技术指标等方面的标准实施要求。《中国人民解放军驻厂军事代表工作条例》对订购方监督及其重点内容做出了规定，即驻厂军代表对军工产品进行检验和验收，对生产过程进行质量监督，而且明确规定要按国家批准的检验程序、规范、技术标准和合同进行检验。除了产品之外，军代表还对生产过程中关键、重要的零部件，质量不稳定项目及过程中的关键工序进行质量管理和监督。

随着现代战争规律的变化，互通、互连、互操作成为保证现代海陆空天电一体化作战的最重要条件。因此，涉及互通、互连、互操作的标准，特别是各种接口标准应成为武器装备实施标准及其监督的重点领域。

随着全面质量管理观念的推广，订购方的监督也由对批量生产的监督向新产品研制过程延伸，由最终检验向过程控制延伸，并将对标准实施的监督列为重要内容。例如，1999 年底颁发的《空军武器装备研制过程军事代表管理工作暂行规定》明确规定：在方案阶段要督促研制单位编制武器装备标准化大纲；在工程研制阶段要依据研制任务书及合同和有关标准与规范等文件参加设计评审、工艺评审、产品质量评审，并审签标准化大纲；在设计定型阶段，《设计定型标准化审查报告》是定型的必备文件，订购方要按照该审查报告的审查结论进一步审查标准实施情况及其结果，并将该审查报告作为产品能否设计定型的依据之一。

(2) 监督的方式。

订购方主要是通过对合同的管理和过程控制对承制方实施标准的情况进行监督。监督的方式主要有以下几点：

① 通过评审和会签。军代表要按有关规定签署技术文件、质量管理文件，并对定型的产品图样、技术文件和试验大纲等文件技术状态的修改要通过技术评审和审批等各种方法进行控制，凡是涉及武器装备战术技术性能、结构、强度、互换性、通用性的修改都要按一定审批程序严加控制。

② 通过产品的鉴定定型。产品的设计定型或工艺定型是对研制产品最终的全面检查和考核。按照 GJB 1362—1992《军工产品定型程序和要求》，标准化大纲是定型的必备文件，标准化大纲的主要内容就是标准实施的要求。产品定型时订购方对图样、技术文件和标准化大纲贯彻情况的检查也就是对标准实施的监督检查。

③ 通过对重要生产过程的控制。订购方对承制方研制生产过程的控制包括对技术状态更改的控制及对关键件、重要件和质量不稳定项目的检查控制，这些监督控制都包括了对实施标准的检查与监督。

④ 通过对产品的检验、验收。《中国人民解放军驻厂军事代表工作条例》规定：产品检验验收时，军代表可以在产品工厂检验合格提交后进行独立检验或联合检验；要按国家批准的检验程序、规范、技术标准和合同的规定进行产品的检验验收；要按有关技术文件或协议进行定期或定批的例行试验和环境试验，对于不符合合同及规定标准要求的产品可以拒绝接收。

通过以上对产品的检验验收活动，也就对标准的实施情况进行了检查和监督。

3. 主管部门标准实施的监督依据和内容

武器装备研制、生产的主管部门和标准化行政主管部门应根据法律、法规、指令性文件对标准的实施情况进行检查和监督。

(1) 监督的依据。

《中华人民共和国标准化法》及其实施条例和《军用标准化管理办法》都规定，各级标准化主管部门负责对标准的实施情况进行监督检查。还规定标准化主管部门可根据需要设置检验机构或授权其他检验机构对产品是否符合标准进行检验，以及承担其他监督检验任务。

可见，主管部门对标准实施进行监督的主要依据是：

① 法律、法规，包括标准化法规和与标准实施相关的法规。

② 指令性文件，如"研制任务书"、有关的标准化指令等。

(2) 监督的内容。

主管部门监督的主要内容包括：

① 法律、法规和指令性文件中规定标准的执行情况。

② 影响产品效能和质量的重大标准的执行情况。

③ 影响到标准实施的标准化工作情况。

根据国家关于政府职能的规定，主管部门对标准实施进行监督的重点是政策性和宏观的监督。

7.5　标准监督的后处理

对标准实施情况进行检查后的处理包括纠正标准实施偏差和处理标准实施错误行为两方面。

(1) 纠正标准实施偏差。因为对标准实施的检查是在标准实施各阶段以各种形式进行的，所以发现的偏差应按相关管理办法的要求在该阶段及时纠正。例如，由标准化检查发现的问题按标准化检查管理办法的规定处理。

(2) 处理标准实施错误行为。《中华人民共和国标准化法》及其实施条例都在"法律责任"一章对不同类型、不同性质、不同程度不符合标准化法或强制性标准的错误行为规定了各种处理办法。武器装备研制、生产、使用中对违反相关法规和标准的错误行为如何具体处理还有待研究和立法。

对实施标准中的偏差和错误行为的处理除了按标准化有关法规执行外，还可按相关活动的有关规定执行。例如：订入合同中的标准执行中的偏差或错误行为按合同法有关规定执行；研制生产过程中发现的产品不符合标准的问题按相应的企业质量管理办法处理；在产品设计定型中发现的问题按设计定型管理办法和相关标准的要求处理。

参 考 文 献

[1] 中国人民解放军军语. 北京：军事科学出版社，2011.

[2] 金烈元. 标准的实施与监督[M]. 北京：航空工业出版社，2005.

[3] 国家标准化管理委员会. 中国标准化发展年度报告(2019)[M]. 北京：
     国家标准化管理委员会，2020.

[4] 中国标准化研究院. 国家标准体系建设研究[M]. 北京：中国标准出
     版社，2007.

[5] 谷师泉，赵保伟，王栋，等. 装备试验标准体系研究[M]. 西安：西
     北工业大学出版社，2020.

[6] 陶帅. 装备维修保障体系能力评估[M]. 国防工业出版社，2018.

[7] 刘杰，张定康. 标准化战略[M]. 2 版. 北京：中国标准出版社，2020.

[8] 张平，马骁. 标准化与知识产权战略[D]. 北京：知识产权出版社，
     2020.